SCIENCE

岩波科学ライブラリー 176

さえずり言語起源論

新版 小鳥の歌からヒトの言葉へ

岡ノ谷一夫

岩波書店

JN158579

初版まえがき

動物が好きだ。今も自宅の机の上にはハコガメの水槽がある。メカブという名前である。この亀とはもう七年のつきあいだ。原稿を書いていると、こちらをじっとのぞき込んでくる。何を考えているのか。大学のオフィスにはスナネズミが五匹も棲んでいる。ほんとは実験動物だったのだが、学生がかわいがっているうちにペットになってしまったのだ。夜中にひとりで原稿を書いていると、スナネズミたちが新聞紙を細かく裂く音が聞こえる。これはこれで、さびしさがまぎれてよい。

音楽が好きだ。部屋にはいろいろな楽器がある。ギター、ウクレレ、リュートなど撥弦楽器が多いが、角笛やリコーダーもある。どれもあまり上手ではないけれど、楽器のきれいな形が好きだ。楽器が音を出す以外は何の役にも立たないのが好きだ。ほんのたまにだが、心が透き通り世界が見渡せるような音が出せることもある。そういうときのために、いろいろな楽器を買っている。心にもっとも近い感覚は、音なのだと思っている。そういえば、声で女の子を好きになることが多いかもしれない。

動物の心が知りたかった。幼い頃の思い出は、動物たちと過ごしたことばかりだ。いちばんはじめの思い出は、猫とにらめっこしたことである。猫に顔をひっかかれて泣いた。母親は「馬鹿な子だね」とあきれて、同情してくれなかった。ひとが相手のときには、笑うと負けなのに、猫が相手のときにはなぜルールが通用しないのだろう。猫は何を考えて僕をひっかいたのだろう。不思議でたまらなかった。

スズメを飼っていたことがあった。けがをして苦しんでいたのをつかまえて、獣医さんにつれていったら魔法のように元気になった。しかしかごのなかでは何も言わなかった。二、三カ月飼っていたであろうか。世話をしているとき、不注意で逃がしてしまった。庭にあった樫の木にとまり、スズメは幸せそうにさえずっていた。飼っていたときには何の声も出さなかったのに。あんなにきれいな声でうたえるのなら、もっとはやく逃がしてやればよかった。かごの外に出たとたんに、歌をうたうほど幸せになるのだろうか。何を表現したくてうたっているのだろうか。

コンピュータが好きだった。過去形の理由は、今やコンピュータは創造的な機械とはいえないからである。大学時代には、出回りはじめたアップルⅡの偽物を秋葉原で買ってきて、シンセサイザーボードを作って音楽を鳴らしていた。

自分はなぜ自分なのだろう。音楽と、動物と、コンピュータを勉強しているうちに、それを知ることができるだろうか。それを知ることをさしあたりの目標にしよう。そう思って心理学専攻に進んだ。卒業論文では、カナリアが長調と短調を聞き分けるかどうかを調べた。動物と自分とに、音楽を通して共通する感情があるかどうかを知りたかったのだ。今思うと突拍子もないテーマである。これで卒業論文を書かせてくれた慶応大学の渡辺茂先生は度量が広い。この研究の過程で、条件づけをはじめとする心理学的な手法を身につけたのは大きな収穫であった。もっと研究を続けたいと思ったが、大学院の入試には落ちてしまった。

それならば、いっそ外国に行って別人としてやり直そう。小鳥の聴覚を測定するための技術をもって、メリーランド大学カレッジパーク校に向かったのであった。一九八三年だった。そこには、鳥の歌の科学の創始者であるピーター・マーラーのもとで博士研究員として過ごし、大学の教員になったばかりのボブ・ドゥーリングがいた。小鳥の歌の研究が少しずつ盛んになってきたが、小鳥の聴覚についてのデータは欠如していた。ドゥーリングは小鳥の聴覚特性を測定することで、鳥の歌研究にあらたな分野を拓こうとしていた。この先生のもとで、自分は鳥の聴覚の第一人者となるんだと決めた。

博士号をとるのに、五年六カ月をかけた。いろいろなことがあった。さまざまな鳥の聴覚特性を測定し、鳥の聴覚については世界でいちばんものを知っている人間になったと思う。しかしそれからどうするかが問題だった。鳥の聴覚を知っても、鳥の心は、ましてや自分の心はわかりそうになかった。一九八九年になっていた。

新版まえがき

この本は、二〇〇三年に岩波書店より出版された『小鳥の歌からヒトの言葉へ』をもとに、その後七年の研究の成果を加えて改訂したものである。第1～4章については、初版をもとに改訂した。第5章は数カ所の段落を削除した。第6～8章はあらたに書きおこした。第9章は初版の第7章をもとに大幅に改訂した。初版の読者にも、最新の展開を楽しんでいただけるはずである。なお、学生の学年や共同研究者の職位は研究が行われた当時のものである。

あれから、ハコガメのメカブは玄関に移動したが、まだまだ元気だ。

目　次

イラスト＝川野郁代

1　小鳥の歌とヒトの言葉

小鳥の歌のアカデミックな研究は、ケンブリッジ大学のウィリアム・ソープにより始められた。アメリカのベル研究所で開発された周波数分析器（ソナグラフ）を使って小鳥の鳴き声を分析したのである。ソナグラフは、音信号を時間と周波数のグラフでヴィジュアルにあらわす装置で、耳の聞こえない子どもたちの発声教育を支援するために作られた。ソープが、ズアオアトリなどさまざまな野鳥の鳴き声をソナグラフで分析すると、たいへん美しいパターンがあらわれた（図1）。ソープはこの装置を使って小鳥の歌を詳細に分析し、『鳥の歌』という本にまとめた。一九六三年のことであった。

小鳥の歌研究の進歩

ウィリアム・ソープの弟子であったピーター・マーラーは、アメリカに渡り、カリフォルニア大学バークレー校に動物行動学の研究室を作った。マーラーは、鳥を中心として、霊長

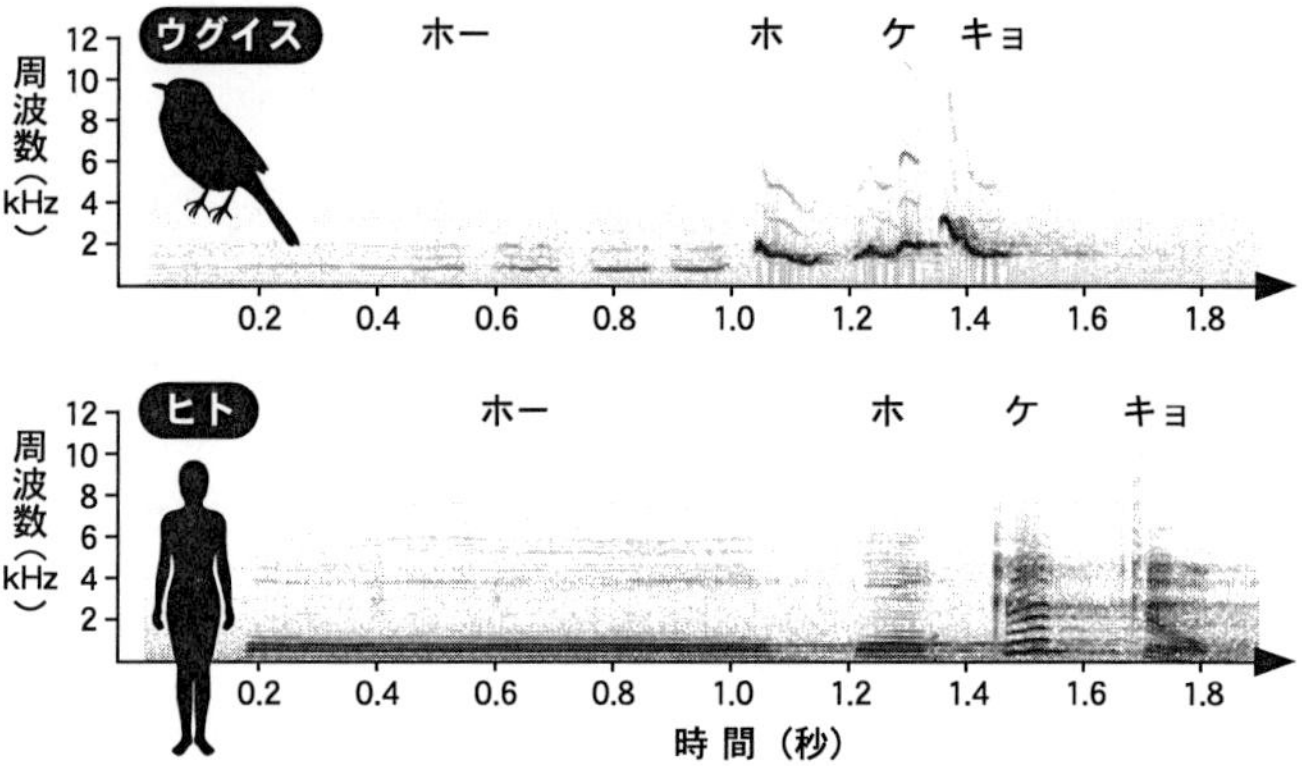

図1　ソナグラム．ソナグラフにより分析された音声グラフをソナグラム（声紋）という．ソナグラムでは，横軸に時間，縦軸に周波数（音の高さ）が表示され，音の強さが濃淡であらわされる．ここでは，ウグイスの鳴き声（ホーホケキョ）とヒト女性の発話（ホーホケキョ）をソナグラムで表示する．時間は約1.8秒である．横縞で見えるのは，基本周波数（ピッチ）と倍音である．ウグイスの基本周波数は約1 kHz，ヒトは約0.4 kHzで，ヒトのほうがたくさんの倍音があらわれるため横縞が多い．どちらも，ホー・ホ・ケ・キョのそれぞれが異なる音型をもつことがわかる．

類やクジラなど、さまざまな動物の音声コミュニケーションの研究を始めた。マーラーの初期の弟子であるフェルナンド・ノッテボーンと小西正一により、鳥の歌研究は、神経科学との接点をもちはじめる。ノッテボーンは鳥の歌が生成されるしくみを、小西は歌が知覚されるしくみをそれぞれ研究し、鳥の歌の神経科学の基礎を築いた。この三人は今でも活発に研究を続けている。一九六〇年代にアメリカにおいてこの三人により創始された鳥の歌の神経生物学は、現在では世界各国にまたがり、八〇を超える研究室を擁するようになった。私自身もこの学派の流れを汲み、マーラーは私の学問的な祖父に当たる(図2)。

ではなぜ、鳥の歌の神経科学がこのような隆盛を極めるようになったのであろうか。これはひとえに、鳥の歌の学習過程とヒトの音声言語の獲得過程にたくさんの共通点があるからだ。

図2　鳥の歌の科学の創始者たちと私．2002年冬に，ニューヨーク市立大学において鳥の歌の神経科学の国際学会が開かれた．この写真はその学会において撮影したものである．左から，ノッテボーン先生，私，マーラー先生，小西先生．

音声コミュニケーションのいろいろ

鳥の歌について詳述する前に、鳥の音声コミュニケーション一般について整理しておこう。鳥の音声コミュニケーション信号は、状況に応じて発せられる短い音声「地《じ》鳴《な》き」と、求愛や縄張り防衛の文脈で発せられる長い音声「さえずり」とがある。

地鳴きのほとんどは、生まれつきその音響パターンが決められている。地鳴きにはたとえば、ヒナが餌をねだる声、敵が来たことを警戒する声、交尾を求める声、飛び立ちを合図する声などがある。これらの声はたいてい一音節で、ソナグラムにするとひと続きのパターンを描く。「ピッ」「ギュイー」「ツ」「ガア」などと聞こえることが多い。

いっぽう、さえずりは、さまざまなパターンを描く複数の音節からなる。ウグイスのさえずりなどは非常に短いが、ヒバリやヨシキリのように数十秒も続くさえずりもある。さえずりは、多くの種でオスのみがうたう。オスが自分の縄張りを守るため、また、メスへ求愛するためうたうのである。

さえずりは、われわれ人間の耳にもメロディアスに聞こえることが多いため、「歌」と呼ばれるようになった。歌を構成する音響要素の多くが学習によって親から子へと伝えられる。また、それら音響要素の順番も学習により伝播される。これ以降、小鳥の発声のうち、特に「さえずり」「歌」に注目してゆく。

小鳥の歌とヒトの言葉の共通点

さて、小鳥の歌の神経科学が八〇以上の研究室を擁するほど活発な理由は、「小鳥の歌がヒトの言語を理解するための行動学的・神経科学的なモデルになる」とされるからである。この言明がまかりとおる理由をまず解説しよう。

まず行動そのものを考えよう。小鳥の歌もヒトの言葉も、複数のシステムの協調により可能になる行動である。どちらも吐く息がエネルギー源であるから、呼吸が意図的に制御される必要がある。吐く息が発声器官を駆動して音声が作られるわけだが、小鳥と人間ではこの部分に若干の違いがある。

ヒトでは喉頭にある声帯が振動して音を作るが、小鳥では左右の気管支にある鳴管《めいかん》という器官が音源である。したがって、鳥では音源が二つあることになる。鳴管がどのようなしくみで音を作るかについては未だに議論が続いているが、現在ではおおまか次のしくみで発声されると考えられている。

肺からの呼気が気管支を通る際、鳴管のまわりの筋肉により気管支の径が変化する。また、鳴管の内側と外側は薄い膜によりできているため、鳴管の下の部分が上の部分に挿入され、複雑な空気の流れを作る。これにより渦ができ、渦が振動して発音するらしい。

ヒトでは、声帯で作られた音がのどや鼻、上あごの内側や舌、歯によりさまざまに変化して発声される。鳥でも、鳴管で作られた音が気道、クチバシへと抜け出る間に特性を変え発せられる。発声のしくみが異なることをのぞけば、ヒトも鳥も、呼気をエネルギー源として音を作り、音源から先がフィルターとして働いて音に多様性をつけるという点で、非常に似たしくみで音を作っているといえる。ヒトにおいても鳥においても、発声することは、複数

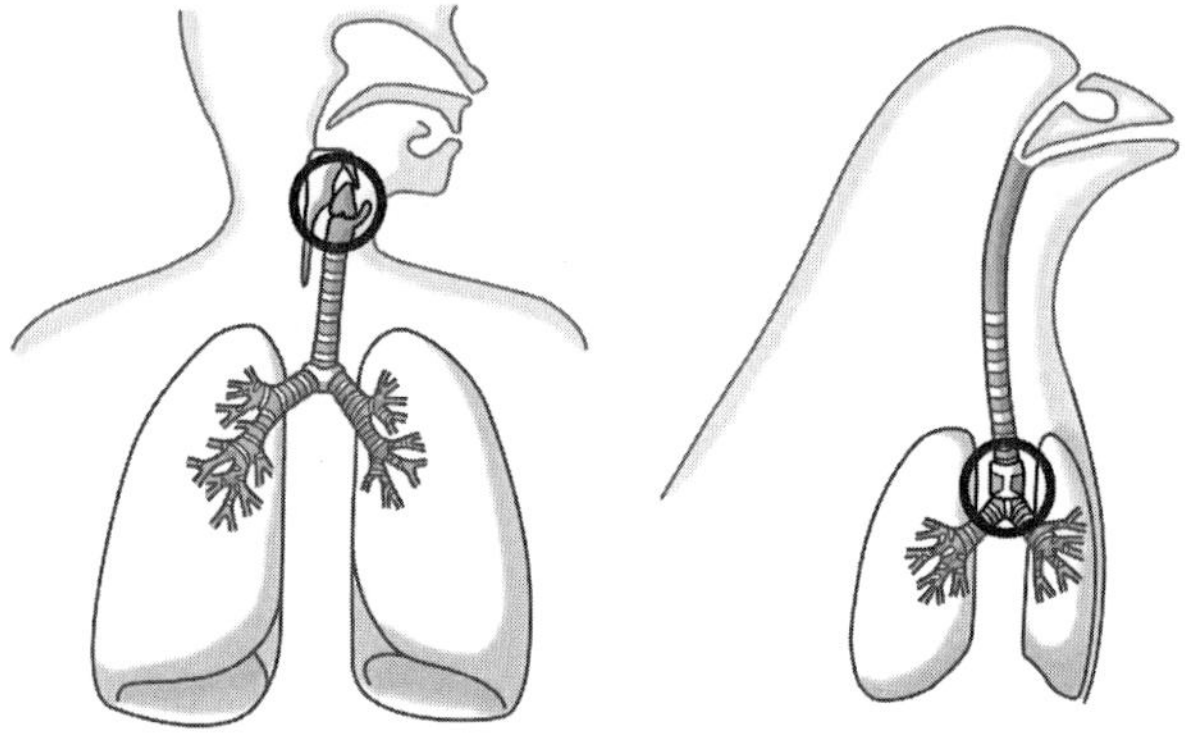

図3　ヒトの喉頭と鳥の鳴管．ヒトの声帯は喉頭部（のどの奥）にあり，声帯が振動することで音が出る．これがもとになり，上あごの内側と舌や歯の位置により気道の共鳴特性が変化し，発声音となる．鳥の鳴管は気管支（肺のすぐ上）にあり，鳴管を通り抜けた呼気が振動する空気の渦を作り，ここで作られた音が気道とクチバシの共鳴特性により変化し，発声音となる．

の独立した筋肉群をきわめて精密に協調させることで可能になる行動なのである（図3）。

さらに、鳥の歌とヒトの言葉には、大脳が非対称的に働くという共通点がある。ヒトでは左大脳半球が損傷すると言葉をしゃべったり理解したりするのが困難になることが多い。特に、左前頭部のブロカ野に損傷があると言語の表出が強く障害され、左側頭部のウェルニケ野が損傷すると言語の理解に障害が起こる。同様に、多くの鳥で左大脳のＨＶＣと呼ばれる部位の損傷により歌の表出がスムーズにゆかなくなる。ジュウシマツでは、この部位の機能を停止することで歌の聞き分けにも障害が起こることがわかっている。ヒトの言語も小鳥の歌も、大脳の片半球に局在する機能なのである(図4)。

以上、歌を作り出すしくみにおける共通点を見てきた。しかし、さらに驚くべきことは、学習過程に見られる共通点にある。ヒトの言葉に臨界期があることはよく知られている。すなわち、ある言語を母語として何の苦もなくしゃべれるようになるためには、およそ三歳ま

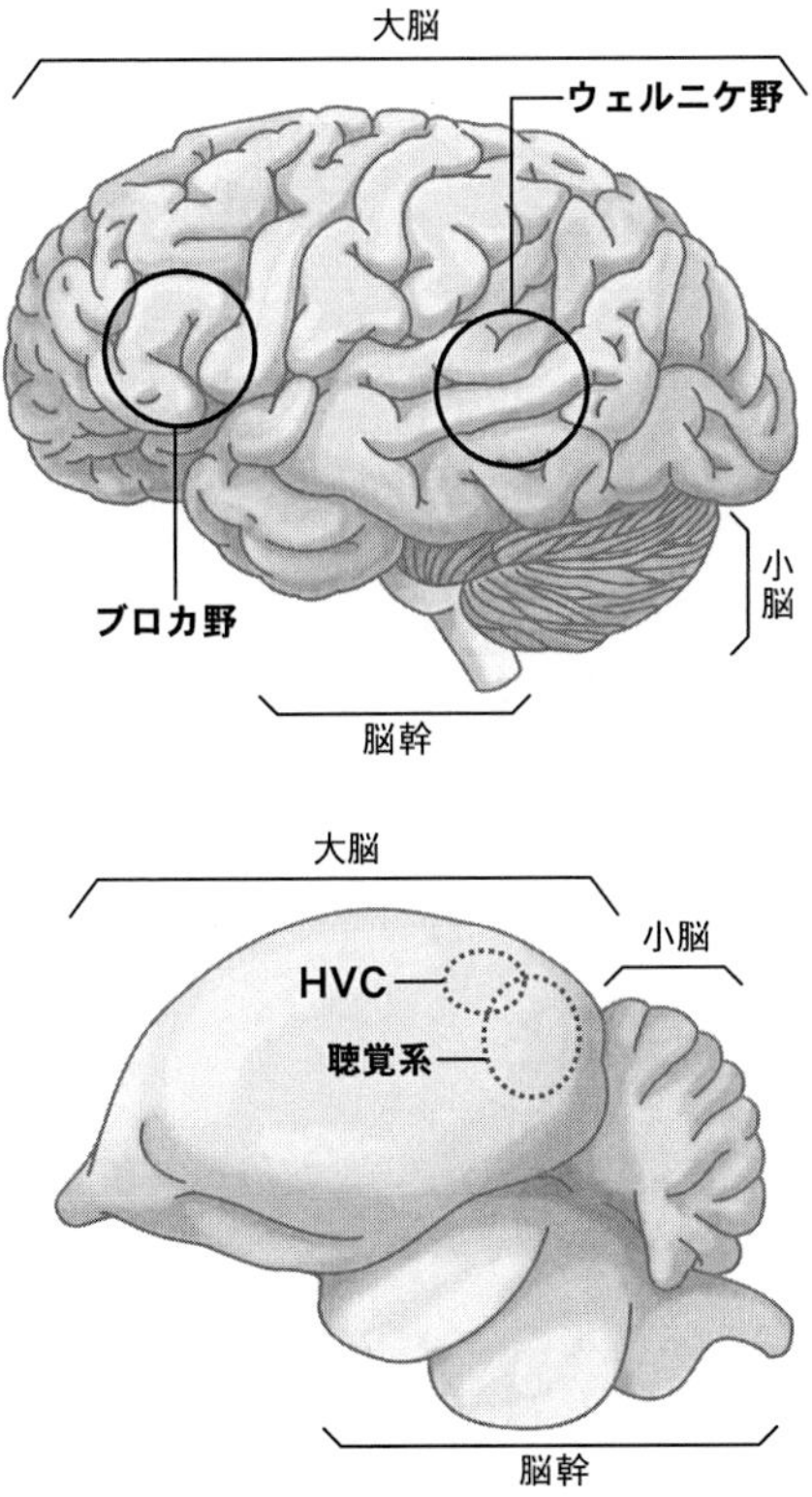

図 4　ヒトの脳と鳥の脳．ヒト(上)の大脳のブロカ野とウェルニケ野，鳥(下)の大脳のHVC 核と高次聴覚系を示す．鳥もなかなか立派な大脳をもっている．左が前方.

でにその言語が話されている環境に生活し、その言語に用いられる音声の特徴を記憶せねばならない。鳥も同様に、生後限られた時期に聞いた歌をお手本として、後にうたう歌が作られる。

小西正一は、小鳥の内耳(蝸牛管)を除去する手術法を身につけ、これによって鳥の発達段階のさまざまな時期に聴覚を奪うことで、歌がどう変化するかを調べた。小西は、ミヤマシトドやズアオアトリなど、比較的単純な歌をうたう鳥を対象に実験を繰り返した。単純な歌をうたう鳥を使うことで、聴覚の影響を解析しやすくしたのである。

生後すぐに内耳を摘出された鳥は、きわめて異常な「さえずり」をするようになった。これにより、歌の学習過程で聴覚入力が必要なこと、歌の聴覚記憶が必要なことが明らかになった。では、お手本をじゅうぶん聞いたあとでは聴覚は不要なのであろうか。そうではなかった。お手本をじゅうぶん聞いても、自分で歌を練習する際に耳が聞こえないと歌は上達しなかった。つまり、お手本の歌の記憶と自分のうたう歌とを聴覚的に照合させる必要があるのだ。しかし、歌が完全に完成した成鳥で内耳をとっても、歌はそのまま維持された。いったん完成された運動パターンは聴覚フィードバックなしでも維持されることが示されたのである。

歌学習の鋳型仮説

これらのデータをもとに、小西とマーラーは「歌学習の鋳型仮説」を構築した。幼鳥は、まず社会環境の中から自己の歌にふさわしいものを選び記憶する。どの歌が自己の歌にふさわしいのかを知るために、それぞれの種の鳥は、非常におおざっぱな歌記憶を生まれつきもっていると仮定している。マーラーらによるその後の実験で、この仮定が正しいことが証明された。自種と他種の歌を同時に聴かせると、ほとんどの鳥が自種の歌を選択的に学習したのである。

自己の歌の聴覚的な記憶が形成されたころ、発達的な要因により雄性ホルモン(テストステロン)のレベルが上昇する。すると、オスの若鳥は、発声器官をランダムに動かして、下手なさえずりを始める。この下手なさえずりをもとに、聴覚フィードバックにより歌のお手本の記憶と自己の歌の誤差を認識し、これを修正しながら学習が進んでいく。お手本通りにうたえるようになると、歌制御のための運動プログラムが固定化して、その後は聴覚フィードバックが必要ではなくなる。以上が歌学習の鋳型仮説である(図5)。

この仮説は、小鳥の歌の学習のみならず、そのままヒトの音声言語の獲得過程にあてはめることができる。われわれ人間も生後すぐにお手本を聞くことが大切であり、赤ん坊のとき

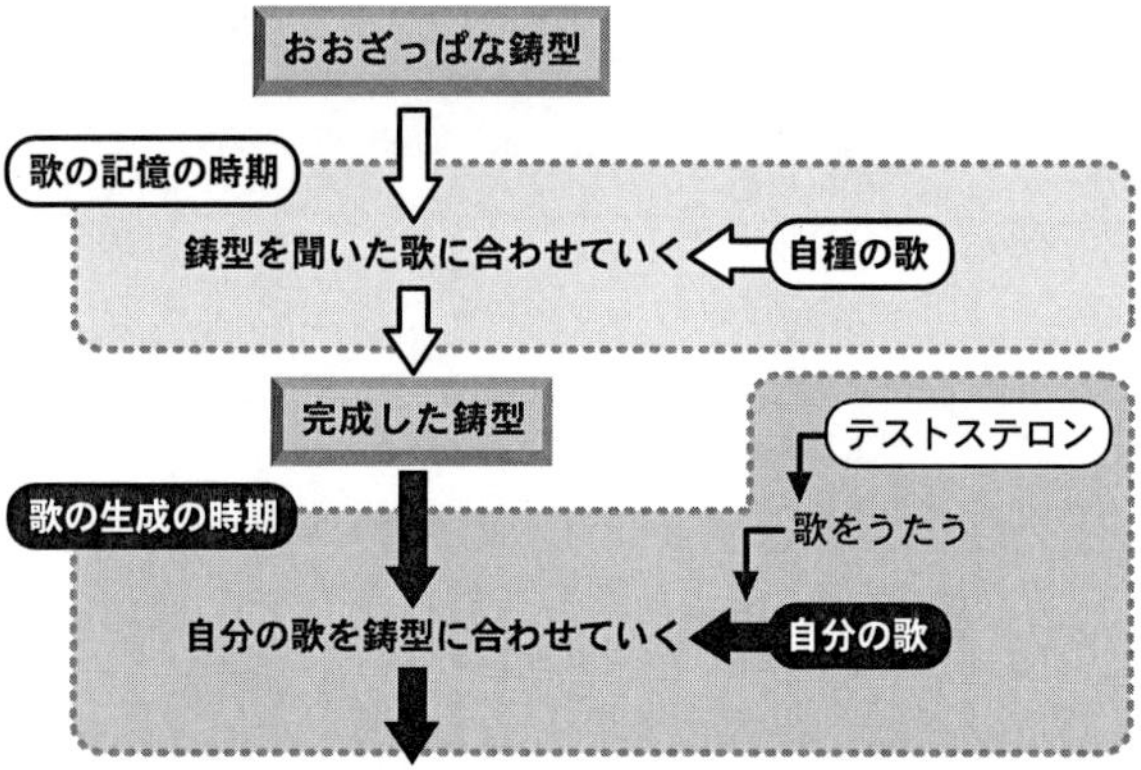

図5　歌学習の鋳型仮説．まず，生得的な好み(おおざっぱな鋳型)により外部環境から適当な歌が選択され記憶される．次に身体の中のホルモン環境の変化(テストステロンのレベルの上昇)により発声が始まり，聴覚フィードバックにより発声信号と聴覚鋳型との照合がなされて，誤差が修正されながら，少しずつ歌が完成してゆく．

に自分の発声を自分で聞くことが大切である。この学習過程を支える脳構造にも共通点が多い。鳥もヒトも、自己の発声と、聴覚的に記憶されたお手本とは、大脳基底核において照合が取られると考えられているのである。

小鳥の歌とヒトの言葉の相違点

以上説明してきた共通点により、鳥の歌の神経科学的研究を進めてゆくことでヒトの言語の謎が部分的にも解明されることが期待できる。この期待が、世界で八〇以上の研究室を巻き込んだ理由である。とはいえ、「鳥の歌がヒトの言語のモデルになる」と言い切ることをためらわせる相違点があることも確かだ。相違点も指摘しておくのが公平というものであろう。

まず、歌における「意味の欠如」を指摘しよう。小鳥の歌はたしかに求愛と縄張り防衛のためにうたわれる。その点で、意味がないわけではない。しかし、小鳥の歌は、さまざまな変奏を含んでうたわれるが、変奏されることで意味内容が変化するわけではない。どのようなうたい方をしたところで、求愛と縄張り防衛の意味しかもたないのである。小鳥の歌には、うたうことそれ自体により伝える意味がある。しかし、歌の内容により意味を伝えることはできない。文化人類学者のダン・スペルベルの言い方を借りれば、鳥の歌には「伝達意図」はあるが、「伝達内容」は欠如しているのだ。したがって、小鳥の歌は、その形式においてのみ、ヒトの言葉と比較することができるのである。

そうなると、むしろ小鳥の地鳴きをヒトの言葉と比較するべきかもしれない。小鳥の地鳴きは、特定の意味をもって発せられるように思われる。さまざまな状況に対応したそれぞれ一音節の短い声で、「こんにちは」、「あぶないよ」、「お腹空いたよ」、「逃げろ」などの意味が伝えられる。すなわち、小鳥の地鳴きでは、特定の聴覚印象が特定の概念像に結合していると言えよう。これはもちろんソシュール言語学におけるシニフィエ(記号によって指示される対象)とシニフィアン(対象を指示する記号)を意識した説明である。しかし、鳥の地鳴きでは、状況と音声が生まれつき結びついているという点で、これらが文化により恣意的に決められている人間の言葉とは根本的に異なる。むしろ、人間の泣き、笑い、うなり等の情動的な発声と比較されるべきものであろう。

まとめると、音声と意味との結合である地鳴きが複数あるが、その結合が生まれつき(生得的)である点でヒトの言葉とは比較できない。いっぽう、歌は、その学習様式や神経制御においてヒトの言葉の優秀なモデルであると言えるが、形式しかもたない点で、機能的なモデルとは言えない。

言語の起源と小鳥の歌

なるほど、鳥の歌とヒトの言葉は似ているところもある。しかし、鳥の歌はうたうことそれ自体には意味があるが、うたい方を変えることによって意味を変えることはできないといぅ。それではとうていヒトの言語のモデルとは言えないではないか。ヒトの言葉は音の組み合わせでさまざまな単語を作り、さらに単語の組み合わせで無限の意味を作り出すことができる点に特徴があるのだから。

そうかもしれない。しかし、形式が類似しているということは、私たちの言葉の形式的な部分、すなわち「文法」に的を絞れば、小鳥の歌は言葉の素晴らしいモデルとなりえることを示唆しているのではないだろうか。ここで「文法」といっても、学校で習う五段活用とかの話ではない。一つひとつの音をどう並べるかの規則のことである。

私たちの研究のユニークな点は、鳥の歌とヒトの言葉の形式的な共通点・相違点をより深く考察することによって、ヒトの言語の起源について新しい仮説を提示することができたことにある。いわば、ヒトの言葉と鳥の歌の本質的な違いを指摘することによって、言語の起源の謎を解く鍵を見つけることができたのである。

2 複雑な歌をうたうジュウシマツ

アメリカで五年にわたって鳥の聴覚を研究し、博士号を得る見通しがついた。がむしゃらな五年間であった。一部のアメリカ人の粗暴さと食べ物のデリカシーのなさ(ケチャップをつければよいというものではない!)に少々ホームシックを感じていた私は、研究の場を日本に移したいと考え、日本学術振興会の特別研究員制度に応募した。日本での受け入れ先は、上智大学生命科学研究所の青木清先生が引き受けてくれた。そんなわけで、一九八九年五月より、上智大学での研究が始まった。

さて、日本で何をしようか。それまでの研究によって、鳥の聴覚はその発声信号によく適応していることがわかった。よく出す音はよく聞こえる。しかし、だから何なのだ? これからは、鳥が発する音が鳥にどう聞こえているのか、聴覚と発声の相互作用を知りたいと思った。

『雨の動物園』

そこで、まず実験の対象とする動物を決めなければならない。欧米では、キンカチョウ(図6)というオーストラリア原産の小鳥が、鳥の歌の神経科学のモデル動物となっている。私もキンカチョウを使って聴覚と発声の相互作用を解明したいと思った。キンカチョウを求めて小鳥屋めぐりが始まった。しかし、何かおかしい。日本のキンカチョウのうたう歌は、アメリカで聞いてきたキンカチョウの歌とはまったく異なっていた。どういうことだろうか。

そこで思い出したのが、大学一年のときに読んだ舟崎克彦の『雨の動物園』というエッセイだった。この本には、舟崎少年がキンカチョウとジュウシマツを交配させようとする話が出てくる。日本では、キンカチョウなどの洋鳥を繁殖させるとき、ジュウシマツを仮親に使うことが多い。仮親とは、他種の鳥を育てる鳥のことである。キンカチョウやコキンチョウなど、「高級フィンチ」と呼ばれる値段の高い鳥たちを効率よく繁殖させるため、卵を産むやいなやジュウシマツにあずけてしまうのである。こうすることで、「高級フィンチ」たちに子育ての負担を与えず、次から次へと有精卵を産ませ、ジュウシマツに子育てをさせるわけである。

すなわち、日本で手に入るキンカチョウは、そのほとんどがジュウシマツによって育てられていたのである！　小鳥は育ての親の歌を学ぶから、キンカチョウの歌がおかしいのも無理はない。キンカチョウたちは、本来の自分の歌とは異なるジュウシマツの歌を無理矢理学ぼうとしていたのである。これでは欧米の研究結果と比較できない。

さてどうしようか。

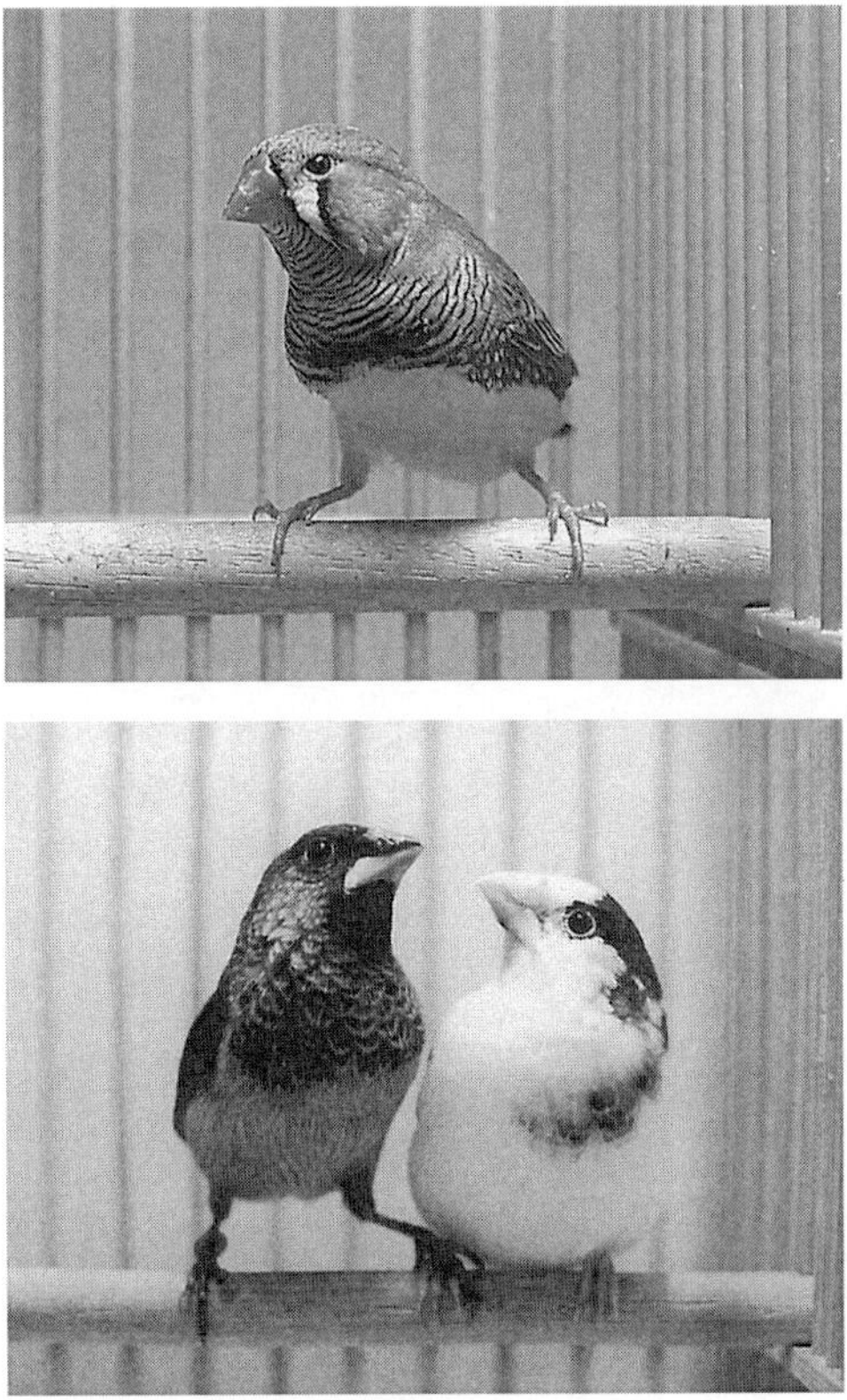

図 6　上はキンカチョウ，下左はジュウシマツの原種である野鳥のコシジロキンパラ，下右はそれを家禽化したジュウシマツ．コシジロキンパラについては後述する．撮影：池渕万季．

考えてみれば、ジュウシマツは日本で作出された小鳥である。英語でジャパニーズフィンチと呼ばれるほどである。飼い鳥研究家の石原由雄さんや鷲尾絖一郎さんによれば、九州の大名が二五〇年も前に中国からコシジロキンパラを輸入し飼い馴らしてゆくうちに、今のジュウシマツになったらしい。ドイツのクラウス・インメルマンは、一九六〇年代よりキンカチョウをジュウシマツに育てさせて歌の学習を調べていたが、日本の大名たちはそれよりずっと前からジュウシマツを使ってさまざまなフィンチを育てていたのだ。鳥の歌の科学においては、ジュウシマツは今までずっと仮親に甘んじていたのである。

欧米の研究室では、ひとつのテーマに研究室全体でアプローチする。キンカチョウが歌をうたうしくみを解明するため、キンカチョウの大脳の中のたったひとつの神経核(神経細胞が高密度で集まる部分)を研究室のみんなでよってたかって研究するのだ。この神経核はこっちの研究室、あの神経核はあっちの研究室というように分担が決まっており、そうそう新参者が参入できるものではない。研究室の規模も、研究費の規模も、桁違いである。そんな状況で、日本で細々とキンカチョウを使った歌学習の研究を進めても勝ち目はないだろう。

それならば、いっそのことジュウシマツを世界の舞台にあげてみようか。二五〇年も前に先祖が日本に来て、日本で品種改良された小鳥であるジュウシマツを研究対象にしてみよう。アメリカから帰ったばかりの私は少々ナショナリストになっていたのかもしれない。ジュウシマツで一旗あげてやろうと思ったのである。今考えれば、このちょっとした国粋主義が幸運をもたらしたのであった。

ジュウシマツの歌と聴覚フィードバック

上智大学では、当時(以降、学生はすべて当時の学年)修士一年だった木村忠史、早稲田大学の学生であった米田智子(学部四年)、日本女子大学にいた山口文子(学部四年)とチームを組み、ジュウシマツの研究がはじまった。まずはキンカチョウで行われた基礎的な研究をひととおりやってみようということで、木村は主に脳の神経伝達物質、米田は地鳴きの雌雄差に的を絞って研究した。私自身は、山口と聴覚剝奪の研究を始めた。

小西正一の鋳型仮説によれば、成鳥になって歌のパターンが固定すると、歌を制御するための神経回路も固定し、それ以降、聴覚フィードバックは必要のないはずであった。ところが、ジュウシマツでは、大人の鳥でも内耳を除去すると歌が乱れてくることがわかった。うたいだしや途中で同じ音をなんども繰り返してどもってしまう。また、歌の要素の順番がめちゃくちゃになってしまう。

どうしたことか。私たちの手術の仕方が下手で、ダメージを与えすぎたのだろうか。それにしては、手術を受けたジュウシマツたちは、どもってはいるが元気いっぱいに求愛の歌をうたっている。ジュウシマツの歌が非常に複雑で、常に聴覚フィードバックを必要としていることがわかるまで、このあと何年もの研究が必要であった。

小西先生の指摘

私と山口は、上智大学の青木先生に相談し、聴覚剝奪による研究を創始して歌学習の鋳型仮説を構築したカリフォルニア工科大学の小西正一先生に実験結果を見てもらうことにした。小西先生は私たちの結果に多大な興味を示してくれたが、同時にこれらの結果の信憑性を高めるための条件を出された。

まず、手術前に一カ月以上にわたり歌が変化しないことを示すこと。これは、歌がまだ完成していない幼鳥である可能性を排除するためである。次に、手術によってストレスを受けていないかどうかを、特に雄性ホルモンのレベルを測ることで確認すること。歌行動は、雄性ホルモンのテストステロンにより制御されるので、テストステロンのレベルが下がると、歌の構造が崩れる可能性がある。

第二の点については、ホルモンレベルは手術前後で変化しないことが確認できた。問題は第一の点であった。手術前一カ月の歌が安定していることを示すことが非常に難しかったのである。

小西先生が実験に使ったミヤマシトドやズアオアトリ、鳥の歌の神経科学で標準的に使われているキンカチョウなどの歌は、非常に単純なので、ほんの二秒程度示せば歌の全体像を示すことができるのだ。短い定型的な要素配列が繰り返されて歌が構成されているのである。それに比べて、ジュウシマツの歌は、聞き流すと定型的なパターンの繰り返しのように思えるが、ソナグラムにして分析するとそうではないことがわかる。二つから五つの音節の定型的な並びをもった歌要素の固まりが、順番を変えたり繰り返したりしながらうたわれるのである。

歌の複雑さをどう記述するか

このような構造をもっている歌であるから、普通よく論文でやるように、歌の繰り返しの一つを取り出して表示することができない。困った。かといって歌要素の並び方のあらゆるパターンを含むソナグラムを作ろうとすると、膨大な量になってしまう。

そこで、遷移確率を計算して、歌の要素の遷移図として歌を表現することを思いついた。ある歌要素ａが出た場合に、他の歌要素ｂ、ｃ、ｄなどがａに続く確率（遷移確率）を計算する。もちろん、ａの次にａが再びくる場合があればその確率も計算しておく。縦方向に最初にくる歌要素を、横方向にそれに続く歌要素をおき、行列の形で遷移確率を整理したもの

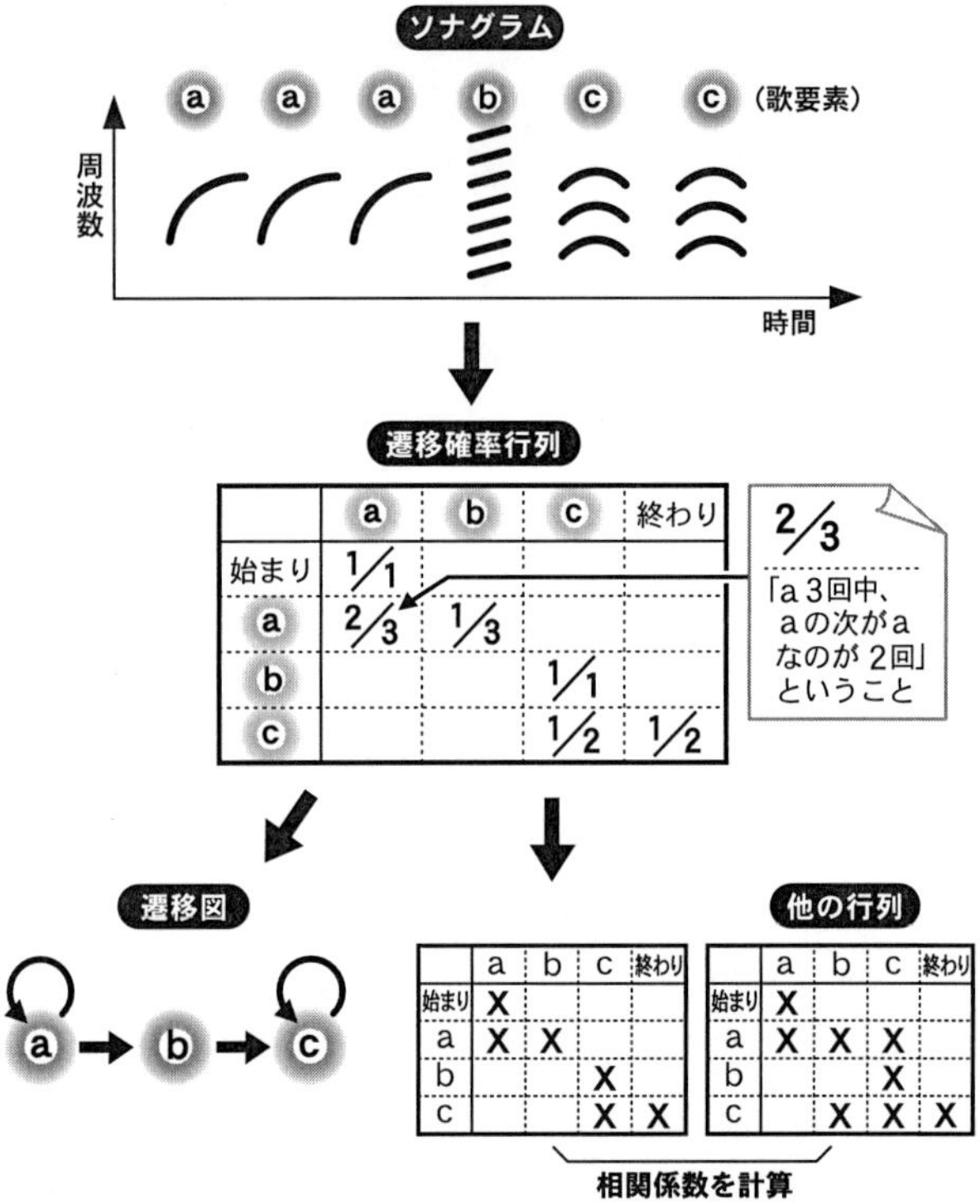

図 7 遷移確率行列と遷移図，遷移図の類似度．遷移図を作るには，まずソナグラムを記号列であらわす(上段)．このとき，同じ形をした歌要素には同じアルファベットをふる．記号列にもとづき，ある記号の次に他の記号が何回くるかを集計し，遷移確率を計算する．これをすべての記号の組み合わせについて計算し，遷移確率行列とする(中段)．この行列にもとづき，遷移図を作成する(下段左)．遷移図どうしがどのくらい似ているかを調べるには，二つの遷移確率行列の対応する要素を並べ，相関係数を計算する(下段右)．二つの遷移確率行列が類似したパターンをもつと相関係数は 1 に近づき，似ていないと 0 に近づく．

(遷移確率行列)を作る(図7)。

こういう分析のしかたを「マルコフ分析」という。歌要素の流れのようすを示す遷移図で歌を表現すれば、コンパクトに収まるし、内耳摘出手術の前後で歌がどう変化するかがひとめでわかる。さらに、二つの遷移確率行列の対応する要素を並べてその数字列がどのくらい類似しているかを相関係数で示せば、二つの遷移図がどのくらい似ているか・似ていないかを示すことができる(図7)。

さらりと書いてしまったが、最初の発見からこの分析方法に到達するまで三年もかかってしまった。正式な論文として学術雑誌に受理されるまで、さらに四年もかかってしまった。論文が出たのは、一九九七年のことだった。このときには、私は、上智大学での日本学術振興会特別研究員から農林水産省での科学技術特別研究員、井上科学振興財団フェローを経て、千葉大学文学部の助教授となっていた。山口はそのころ、コロンビア大学でカエルの鳴き声の研究を始めていた。

歌文法の発見

遷移図により歌を表現することで、大きく道が拓けた。しかし、実はふつうのマルコフ分析(一つ前とそれに続く要素の関係の分析)では、歌の大局的な構造はつかめない。

たとえば

abcdeabcdeabcdeabcdeabcdeabcdedecabcdefgabcdeabcdeabcdeabcdefgab

のような歌要素列があったとき、この中に

ab　cde　fg

という固まりがいくつかあるのは明らかである。このような固まりを固まりと呼んでいては芸がないので、「チャンク」と呼ぶことにしよう。チャンクは、たとえば文章における単語に相当する、と考えてもらえばよい。

歌をチャンクに切り分け、チャンクどうしがどういう関係で出現するのかを記述すれば、単なる遷移図よりもっとスマートに歌の構造を示すことができる。この際、いくつか状態があり、ある状態から他の状態に移るときに、あるチャンクが発せられると考える。状態を○であらわし、状態間の遷移を矢印であらわして、そこで生ずるチャンクの記号を矢印のそばに書いておく(図8)。

私が千葉大学に職を得たのと同時期に、同じ講座に金沢誠先生という若い助教授が赴任した。彼は理論言語学の専門家であり、文字列から文法規則を抽出する方法について講義を行っていた。私の指導する学生が彼の講義を受講し、そこで学んだ方法をジュウシマツの歌分析に応用してみようと言い出した。

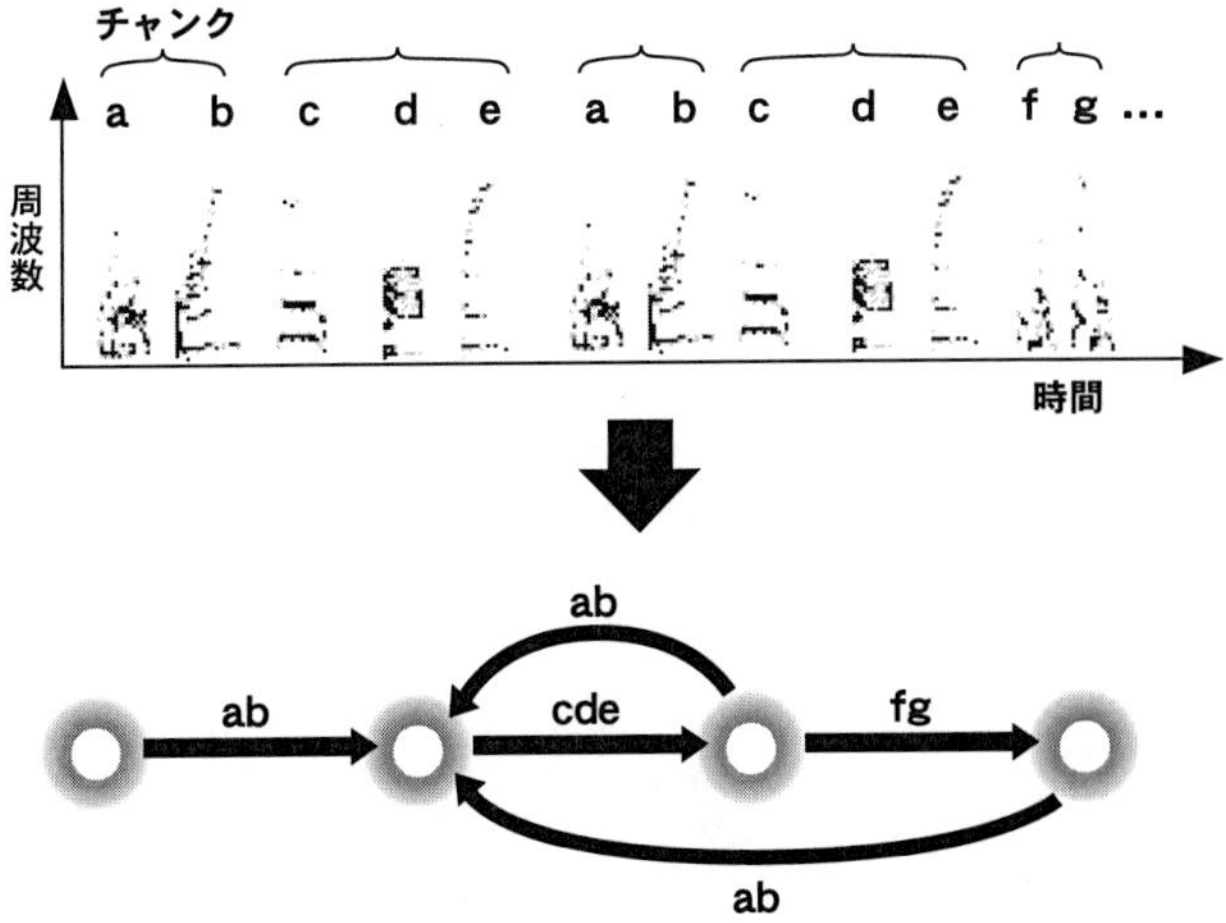

図 8　有限状態文法によるジュウシマツの歌文法表記．まず，分析対象となる鳥の歌を少なくとも 2 分間録音する．この鳥の歌の一部(約 1.6 秒分)をソナグラムにすると上図のようになる．ソナグラムを眺めていると，ab，cde，fg というチャンクが見えてくる．歌全体をこれらのチャンクで切り分け，チャンクどうしの関係を観察すると，下図のようなルールが発見できる．この鳥の歌は，すべてこのルールにもとづいてうたわれている．アルファベットであらわしたものを歌要素，中括弧でくくったものをチャンク，有限状態文法のたどり方をフレーズという．この有限状態文法によって，たとえば，abcdefgab，abcdeabcdefg などのいろいろなフレーズがうたわれる．歌要素の種類と有限状態文法の形は個体により異なる．

前段で説明した方法が、金沢先生が教えていた方法であり、そのようにして構成した図を「有限状態文法」という。有限状態文法では、複数の状態が○であらわされ、状態間の遷移が矢印であらわされる。ある状態から他の状態に遷移するとき、ある記号列が産出されると考える。この際、さきほど説明したチャンクが産出されると考えればよい。

このように、ジュウシマツの歌文法の研究は、私が幸運にも文学部にいたこと、同僚に理論言語学者がいたこと、彼と私をつなぐ興味をもつ学生がいたことにより可能になった。この学生は星野力(学部四年)と小林耕太(学部四年)である。小林はその後も研究を続け、千葉大学で学位をとり、現在は同志社大学でスナネズミの聴覚を研究している。

記号列から有限状態文法を抽出する方法

このように、私たちのグループはジュウシマツの歌から文法を抽出することに成功した。しかし、記号列からチャンクを切り出す方法は多分に直感的であり、恣意的であった。正式に発表するためのデータ処理ツールとして用いるためには、自動的にチャンクを抽出する方法を工夫する必要がある。

星野力は、マルコフ分析を一次(直前とそれに続く要素の関係)から二次(直前の連続する二つの要素とそれに続く要素の関係。以下同様)、三次と拡張し、ジュウシマツの歌を記述するためには三次のマルコフモデルが有効であることを示した。その後、研究室に所属するようになった河村奨(学部二年)は、1からNまでの任意の長さの文字列を作り、そのあとに続く文字を予測する精度の高さを比較して、実際に使う文字列の数を決定するアルゴリズムを、ジュウシマツの歌に適用した。この方法を「可変長Nグラムモデル」という。河村は卒業論文の一部として、ジュウシマツの歌記号列を入力すると自動的にNグラムモデルを産出するプログラムを書いた。

この方法はさらに、私が理化学研究所に異動してから発展した。Nグラム分析によって歌がチャンクに切り分けられたのち文法構造を自動的に推定する方法が、博士研究員の笹原和俊と電気通信大学の西野哲朗教授らの共同研究によって開発されたのである。このプログラムは、EUREKAという名前で一般に公開されている。

3　ティンバーゲンの理想

これまでの研究で、ジュウシマツの歌は、他の小鳥の歌に比べて複雑で、文法構造をもつことがわかった。ジュウシマツの歌はなぜこのように複雑になったのだろうか。

この疑問をどう発展させ研究を深めてゆくべきかを考えていたとき思い出されたのが、ニコラス・ティンバーゲンの四つの質問であった。ティンバーゲンは一九七三年にコンラート・ローレンツ、カール・フォン・フリッシュとともに、動物行動学を確立した功績によりノーベル医学生理学賞を受賞した研究者である。彼の貢献は、「四つの質問」として知られる動物行動学研究の概念的な枠組みをまとめあげ、動物行動学を学問として体系化したことにある。

ティンバーゲンの四つの質問

四つの質問とは、行動のメカニズム、発達、機能、進化に関する質問である。

行動の「メカニズム」の研究とは、その行動がどのようなしくみによって可能になっているのかをさぐる研究である。行動を制御する脳神経系の研究から、行動を可能にする筋骨格系の働き、行動を制御する内分泌系、行動が引き起こされるための刺激要因の特定を含む研究分野である。

行動の「発達」の研究は、その行動が個体発生の過程でどう獲得され、どのような過程を経て発現するのかを考える。鳥の歌の研究においては、発達の研究には、歌の学習過程の研究が含まれることになる。

メカニズムと発達、ともに行動が引き起こされる直接の要因を検討する。こうした要因を「至近要因」とも呼ぶ。

行動の「機能」の研究とは、その行動をとることにより、その個体およびその個体を構成する遺伝子群がどのような利益を被るかを知るための研究だ。オスの鳥が歌をうたうことで、どのように縄張りが保持されるか。歌がどのようにメスへの求愛として働くか、歌のどのような側面がメスへの求愛として機能するか。こういった事柄を研究するのが機能の研究である。

行動の「進化」の研究は、その行動がどのような淘汰圧のもとに進化してきたのかを知るため、近縁種における類似した行動様式を比較したり、系統的には隔たっているが似たような淘汰圧で進化したと思われる動物の行動と比較したりする。

行動の機能と進化は、行動を形成してきた「究極要因」とも呼ばれる。

動物行動の理解のためには、これら四つの質問に答えていかなければならないことを指摘したのが、ティンバーゲンの偉業である(図9)。ティンバーゲンの四つの質問は、動物行動学のみに当てはまる指導原理ではない。発達を一世代内の変化、進化を世代間の変化として読み替えれば、生物学一般から社会制度や言語、流行など、広範な現象の説明に役立つ指導原理であると思う。私は、このティンバーゲンの理想をかなえるような研究をしたいと考えた。

神経行動学者と行動生態学者

ティンバーゲンの四つの質問は、初期の動物行動学者を啓蒙したが、動物行動学自体が発展するにつれ、四つの質問は、至近要因の研究と究極要因の研究とに分離するようになってしまった。一九八〇年代以降は、前者は神経行動学という名称で、後者は行動生態学という名称で呼ばれている。もともとは同じ行動学であったものが、このように分離して独立した名称を得るようになると、近親憎悪が始まる。

神経行動学と行動生態学では、それぞれの分野を代表するパーソナリティーが歴然と存在

図 9　ティンバーゲンの四つの質問．小鳥はなぜうたうのか？　この質問に対して，メカニズム，発達，機能，進化という四つの側面から質問を問いかけることができる．

する。神経行動学者は、室内にこもりがちで細かいことが好き、動物のことはあまり知らないがハンダづけは得意というイメージがある。いっぽうの行動生態学者は、アウトドアタイプでおおざっぱ、動物好きで、室内よりは山登り、というイメージである。神経行動学者は行動生態学的な説明は「お話」に過ぎず科学とは言えないと思っているし、行動生態学者は神経行動学者のことを、進化を知らずに動物を機械扱いして何が面白いのだろうと思っている。

いろいろな研究機関を渡り歩く過程で、私は双方のタイプの研究者に会うことができた。私自身はもともと神経行動学者タイプである。小鳥の歌の研究をしているが、野外でさえずる小鳥のことを尋ねられてもほとんどわからない。しかし、行動生態学的な思考を始めたとたんに自分自身の研究に広がりと深みが出たことを身をもって経験したので、二つの分野に乖離してしまった行動学を再び融合したいと強く望んでいる。

神経行動学との出会い

アメリカ留学から帰って最初にお世話になったのは、上智大学生命科学研究所であった。そこでは、青木清先生が、当時日本で唯一の神経行動学の研究室を主宰しておられた。私のもともとのメンタリティーがメカニズム志向であったので、脳と行動の関係をしっかりと勉強したいと希望し、青木先生のお世話になることにしたのである。

一九八九年に上智大学に向かい、私がそこでまず始めたのは、ジュウシマツの脳を知ることだった。大学院生だった木村忠史に解剖学の基礎を教わり、こわごわながら脳の世界へと踏み込んで行った。

ジュウシマツの脳は重さ〇・五グラム程度である。小さいなあと思ったら大間違いだ。ジュウシマツの体重はわずか一五グラムなのである。人間の脳が一・五キロあるとはいえ、体重は六〇キロもある。脳と体重の比率を考えると、ジュウシマツは三〇分の一、人間は四〇分の一である。ジュウシマツのほうが大きな脳をしているのである。

鳥には大脳皮質がない？

鳥は一般にあまり賢くない動物と思われている。最近では、カラスがいろいろな知的悪さをしてくれるおかげで、そうした認識も改められつつあるが。ニワトリは三歩あるくと忘れると言われるし、英語で bird brain と言えば「まぬけ」という意味であってほめ言葉ではない。こうした悪口がはびこる理由のひとつとして、「鳥には大脳皮質がない」という噂がある。ここのところ、少し詳しく説明しておこう。

鳥の大脳の表面には皺がない。皺があることは、一般に脳というものの大きな特徴と思われている。私は毎年、大学新入生の講義の最初に脳の絵を描かせているが、たいていの学生は皺だらけの球状の物体を描く。これはしかし脳の絵ではなく、「ヒトの」大脳皮質の絵である。脳幹や小脳を描き加える学生はほとんどいない。なるほど鳥の大脳には皺がない。しかし、これも立派な大脳である。

脊椎動物の大脳というものは、大脳基底核という神経細胞の固まりの上に、外套のような構造が覆い被さってできている。あんこの上に厚い皮が被さっているまんじゅうのようなものである。しかし、哺乳類と鳥類の外套の部分は、まったく異なる進化の道を歩んできた。

哺乳類では神経細胞を層状に配置する皮質構造が発達したが、鳥類は皮質構造ではなく神経細胞の機能的な固まり(神経核という)を作り、それらを接続する方法が発達した。だから、鳥の脳には大脳皮質という形はないが、大脳皮質に対応する機能をもった部分はちゃんと存在するのである。

しかし残念なことに、昔の解剖学者は肉眼で見た印象で脳の名前をつけてしまった。彼らの目には、鳥の脳は、外套が被さっているというより、哺乳類の大脳から外套を取り去ってしまって、大脳基底核のみがあらわになっているように見えたのである。このことから、大脳皮質に対応する脳構造は、大脳基底核の一部であると見なされてしまった。

現在では、発生学的な証拠や、神経伝達物質の分布パターン、脳の部位間の連結様式など

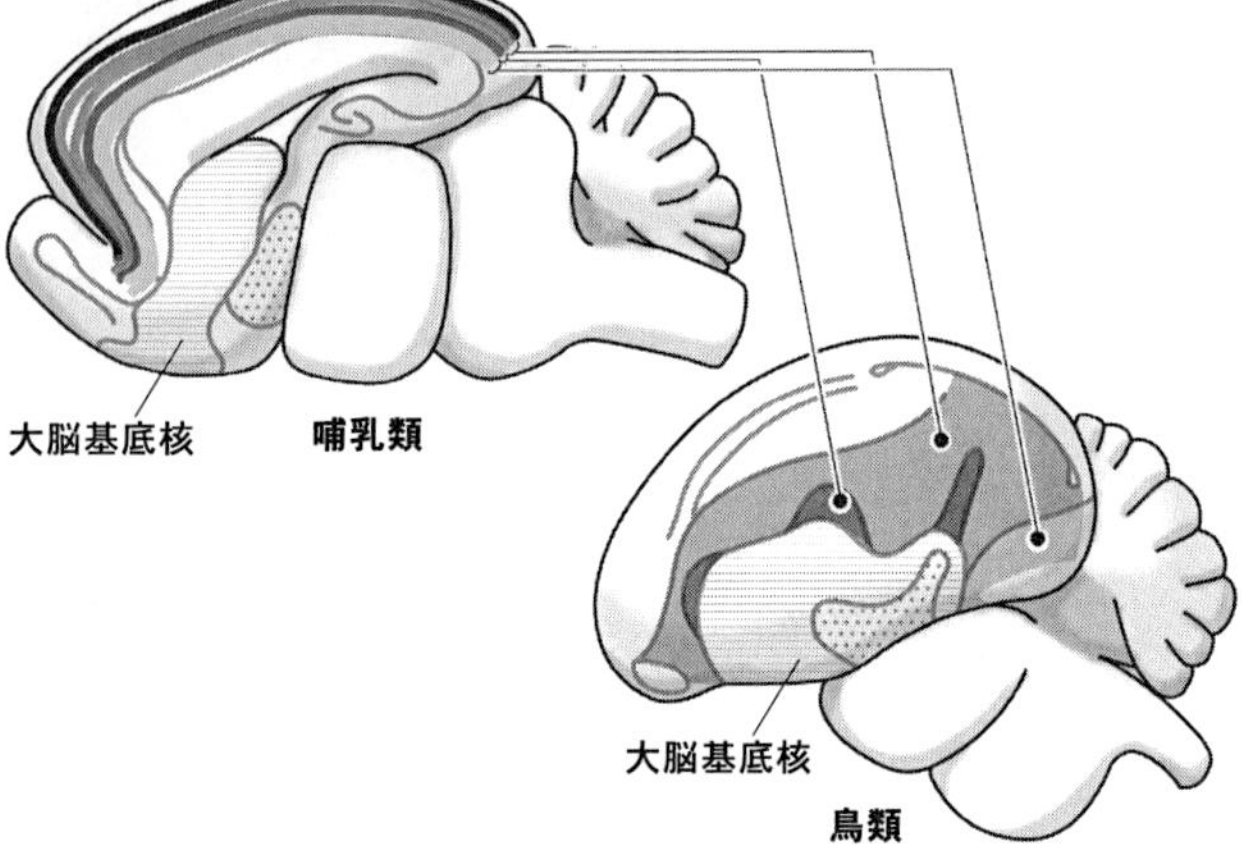

図 10　鳥類の大脳と哺乳類の大脳の対応．現在の知見でまとめ直した対応関係．大脳皮質(灰－黒色)に相当する部分は，大脳基底核(横縞)の上に固まりとして散在している(Jarvis 2003 を改変)．

を総合して捉えた結果、鳥の大脳は、皮質構造はもたないがそれと同等な構造が神経細胞の固まりとして大脳基底核の上を覆っていることが理解されている(図10)。

うたうために生まれた

普通、脳というものは切ってみてもなんだかわからない。ごま豆腐のようなものである。ところが、ジュウシマツのオスの脳は、そうではなかった。ジュウシマツの脳を切り、チトクロム酸化酵素の活性を調べる方法で染色すると、歌の回路がよく見える(図11)。

ジュウシマツの脳を中心よりちょっとずれたところで縦に切ってみると、

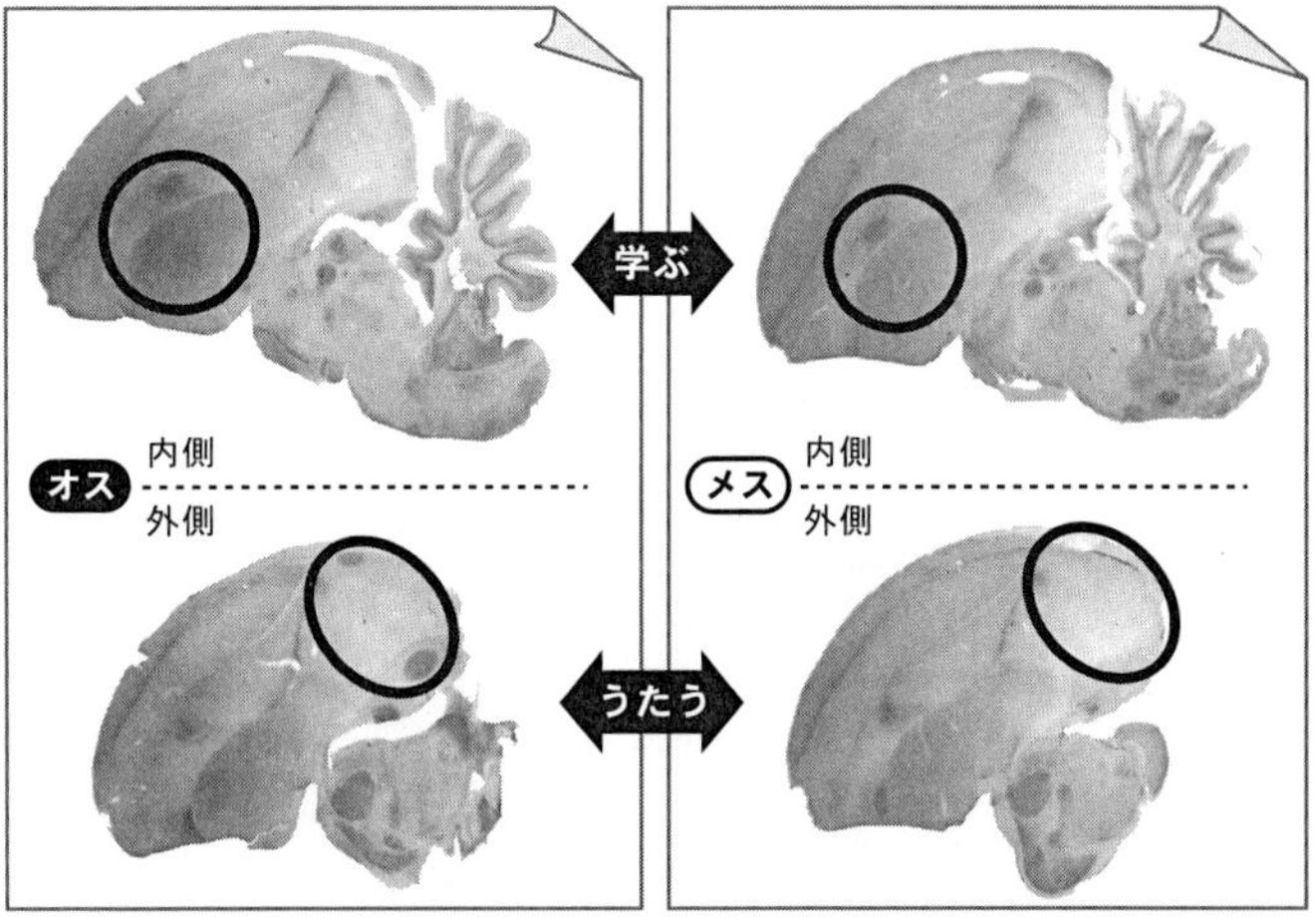

図 11 チトクロム酸化酵素で染めたジュウシマツ雌雄の脳．左はオス：歌を学ぶため，うたうための神経核がはっきり見える．右はメス：学ぶための神経回路がうすく見えるが，うたうための神経核はまったく見えない．

歌を学ぶための二つの神経核がよくわかる。さらに外側を切ってみると、歌をうたうための神経核が見える。ジュウシマツのオスの脳の中で、これら歌に関わる部分はかなりの部分を占めている。オスのジュウシマツはまさしく「うたうために生まれた」ようだ。いっぽう、メスの脳には、学ぶための回路が一部見えるだけである。メスの脳では、むしろ聞き分けるための回路が発達しているのに違いない。ジュウシマツでは、歌をうたうのはオスだけで、メスはそれを聞いてそのオスの品定めをするのである。

行動生態学との出会い

上智大学で神経行動学を勉強した後、一九九〇年秋より、私はつくば市にある農林水産省の鳥害研究室に研究の場を移すことになった。なんでも、田畑を荒らす鳥を追い払う研究をしているところだそうだ。ある日突然、室長の中村和雄先生より電話をもらい、音を使った鳥の追い払いを研究したいということで、私がそれを担当することになったのであった。私はアメリカ留学中に鳥の聴覚をさんざん研究したので、鳥が音をどう聞いているのかを研究する上で適当な人材だと思われたのである。

行ってみて驚いた。上智大学にいた人々とはまったく異なる興味で鳥を研究している人たちがいた。上智大学では、鳥がどのようなしくみでそのように行動しているのかを研究していたのに対し、農林水産省では鳥がなぜそのような行動をするのかに興味をもっていたのである。上智大学では顕微鏡を使っていたのに、筑波では双眼鏡を使っていたのであった。筑波の人たちが早起きなのにも驚いた。

もっと驚いたのは、鳥害研究室におけるゼミの内容であった。上智大学では、脳と神経に関する論文を交替で紹介しあっていたが、鳥害研究室においては、ひたすら生き残る子どもの数をかぞえる論文ばかり勉強していたのである。主任研究員の藤岡正博さんは、これが行動生態学であり、行動の研究の中でもっとも本質的なものであると言った。私にはどこが本質的なのかちっともわからなかった。わかるようになるまで、それから五年かかった。しかしわかってしまうと、たしかに本質的であることが理解できた。

筑波の人々が興味をもっていたのは、動物の行動が発現するしくみではなく、動物がそのような行動をとるようになった理由のほうであった。当時の私は、ひたすら小鳥が鳴くしくみを知りたいと思っていた。小鳥が脳のどこをどのように使って歌を学び、どこをどのように使って歌をうたうのか。それがわかれば、ヒトの言葉もわかるはずだ、と思っていた。

しかし、わかるとは何なのか？　しくみがわかればよいのか？　私は筑波に三年いたが、その間にはついに、筑波の研究者たちがなぜ「なぜ」を知りたいのか理解できなかった。私はひたすら、ジュウシマツが音を作るしくみを調べるために神経を切ってみたり、ジュウシマツの歌がどのくらい聴覚に依存するかを調べるために内耳を摘出してみたりしていたのである。しかしこの筑波の三年間に、反発しながらも聞いていた行動生態学者たちの議論は、後に私の中で発酵することになった。

認知情報科学ってなんだ？

私は一九九四年の三月より千葉大学文学部認知情報科学講座の助教授となった。認知情報科学講座は私の赴任の前年に発足したばかりの講座で、そもそも認知情報科学がなんだかよくわからなかったが、今までのやり方だけではなく情報科学らしいやり方も取り入れねばなるまいと思った。

千葉大学では、アメリカ留学中に身につけた方法を使って条件づけによる歌認知の研究も続けていた。歌文法についてどう扱うべきかわからなかったし、小鳥の文法などと公の席で言うと、せっかく手に入れた職を失いそうで怖かったのである。

上智大学から継続して行っていた研究で、ジュウシマツの歌が複雑で、チャンク構造をもつことはわかったが、チャンク構造が行動的な単位であることを明確にしたのは学部四年生の寺本英雄であった。寺本は、うたっているジュウシマツにフラッシュを浴びせて脅かす実験を行い、歌が止まりやすい部分と止まりにくい部分があることを見つけた。止まりにくい部分がチャンク構造である。

文部省の「心の発達」の班会議でこれらのデータを発表しているうち、言語学者の大津由紀雄先生や発達心理学の波多野誼余夫先生がコメントしてくれるようになった。大津先生は非常に柔軟な言語学者で、ジュウシマツの歌構造に対して「文法」という言葉を使うことを厭わなかった。こういった先生方のおだてと励ましにのりながら、私はすこしずつ歌文法という言葉を使うようになっていった。

ここで問題になってきたのが、「なぜ」に関わる疑問である。「なぜ」ジュウシマツの歌は有限状態文法をなすようになったのか？ ジュウシマツの歌がどのようなしくみで有限状態文法を可能にするのかは、これまでの延長上でわかるだろう。すなわち、神経行動学の手法により、脳と行動の関係を解剖学と生理学を使って解明してゆけば、いつかはこのしくみがわかるだろう。しかし、なぜジュウシマツはこんな歌をうたうのだ？ なぜこんな行動が進化してしまったのだ？ 文法的な歌をうたうことで、何の役に立つのだろう？

ここに至ってはじめて、筑波で過ごした三年間が思い出されてきた。そうか、あの人たちはだから「なぜ」にこだわったのか！ やっとわかったのである。筑波の研究者たちがみんなで鳥の卵をかぞえていた理由がやっとわかったのである。私も今や、卵をかぞえはじめねばなるまい。当時、行動生態学の長谷川眞理子先生が非常勤講師として隔週で千葉に来てくれていた。長谷川先生とインドカレーを食べながら、なぜ「なぜ」が大切なのかがじわじわとわかってきたのだった。

ジュウシマツの正体

ジュウシマツは野生の鳥ではない。東アジアに生息するコシジロキンパラが祖先であるとされてきたが、他の説もあった。コシジロキンパラがそのままジュウシマツになったか、または、これにギンバシやシマキンパラなど類縁野鳥が掛け合わされ、ジュウシマツとなったとされていた。このことは、江戸時代に書かれた『百千鳥《ももちどり》』という本や、大正時代に鷹司信輔により書かれた『飼ひ鳥』という本に説明されている。

これらの説を要約すると、一七六二年に、九州の大名であった壬生忠信が何羽かのコシジロキンパラを南中国より輸入した。コシジロキンパラは飼育下によく適応し、自種はもちろん他種の鳥の卵を抱卵し孵化させる能力が優れていたため家禽化が進み、安政年間(一八五六年前後)には白色変異があらわれ、幸せを呼ぶ鳥として愛玩されるようになった。大家族の姉妹のように(?)仲がよい鳥ということで、十姉妹と呼ばれて親しまれ現在に至っている。

コシジロキンパラが輸入されてから現在に至るまでに出版された飼育書のどれを見ても、育雛《いくすう》能力についての記述はあるが、この鳥の歌についての記述がない。日本人はこういうことに関してはまめだから、歌に注目したなら必ずなにか書くはずだ。でも書かれたものがない。このことから、この鳥は主に育雛能力に関して人為選択され、歌に関して人為選択された歴史はないと考えられる。

ヨーロッパにおいては、約百年前よりコシジロキンパラはオランダに輸入され、アミメキンパラなどと掛け合わされ、主に羽毛の美しさが人為選択の対象となり、ヨーロッパジュウシマツとなった。

後述するが、コシジロキンパラの歌はほとんどまったく同じパターンの繰り返し（こういう歌を「線形」な歌という）であり、有限状態文法は存在しない。ヨーロッパジュウシマツの歌にはある程度の繰り返しやチャンクの埋め込み構造があり、ジュウシマツとコシジロキンパラの歌の複雑さの中間的段階にあると言える。

コシジロキンパラ、ジュウシマツ、ヨーロッパジュウシマツの三系統すべてにおいて、地鳴きには雌雄差がある。オスの地鳴きは連続した澄んだ音で「ピー」と聞こえ、メスの地鳴きは濁ったパルス状の音で「ジュルルル」と聞こえる。このことから、これら三系統は、百年単位で地理的に隔離されているが同種であると考えられる。

東京大学の長谷川寿一先生より紹介され、私の研究室で卒業論文を作成していた淀川祐紀（学部四年）は、遺伝子解析技術を用いてこの点を明らかにした。ランダムな配列をもつ短いＤＮＡを人工的に作り、それが、それぞれの系統の鳥から抽出したＤＮＡにどのように結びつくかを調べ、結びつきのパターンで分類してみると、ジュウシマツもヨーロッパジュウシマツも、コシジロキンパラの一群から派生していることがわかったのである。また、アミメキンパラやギンバシは、コシジロキンパラとジュウシマツとは無関係であることがわかった。これ以降は、ジュウシマツの祖先がコシジロキンパラであることを前提に話を進めていこう。

4　ジュウシマツの歌と四つの質問

　ようやくティンバーゲンの四つの質問の本体が始まる。まず、全体を要約しておく。ジュウシマツはなぜ複雑な歌をうたうのか？　この疑問に徹底的にアプローチするため、ティンバーゲンの思考法を適用した。メカニズム、発達、機能、進化の四つの側面から、この疑問を解明していった。結果、ジュウシマツの複雑な歌は大脳の三つの神経核により制御され、ヒトの発話と同様な道筋をたどって発達し、メスの繁殖行動を刺激することがわかった。ジュウシマツは二五〇年にわたって飼育された家禽種であるが、原種の歌は単純である。歌の複雑さは、この二五〇年のあいだに性淘汰により進化したのであろう。

その一　進化

　まず、ジュウシマツとその祖先種コシジロキンパラの歌の特徴を比較してみよう。それぞれの系統から代表的な歌を選び、ソナグラムにしてみた。ソナグラム上では、縦方向の要素が重なれば重なるほどざわざわした濁った音に聞こえる。逆に、それが少なければ少ないほど澄んだ音に聞こえる。ただし、縦方向に重なる要素数が多くとも、それらが一定の間隔で重なっていれば、耳障りな音にはならない。

ソナグラムを見ると、ジュウシマツの歌は比較的澄んだ歌要素で構成されているのに対し、コシジロキンパラの歌要素の多くは濁っていることがわかる（図12）。この直感を確認するため、研究生として京都から千葉に来ていた本田恵理は、コシジロキンパラの歌要素を四個体より五つずつ、ジュウシマツの歌要素を同様に四個体より五つずつ無作為に選び出し、総計四〇の歌要素を音響特性にのみもとづいて分類してみた。その結果、コシジロキンパラの歌要素とジュウシマツの歌要素は、完全に分離していることがわかった。すなわち、聞き慣れた観察者には、音を聴くだけでジュウシマツの音かコシジロキンパラの音かすぐにわかるはずである。

歌を構成する歌要素数はどちらも平均八前後で、違いはなかった。しかし、歌要素どうしの関係では、二つの系統は大きく異なった。これを説明するために、線形性という概念を理解してもらう必要がある（図13）。

線形性とは、歌要素の順番がどのくらい決まっているのかの指標である。いつも同じ順番でａｂｃｄｅａｂｃｄｅａｂｃｄｅとうたう場合には線形性は1で、いつもでたらめな順番

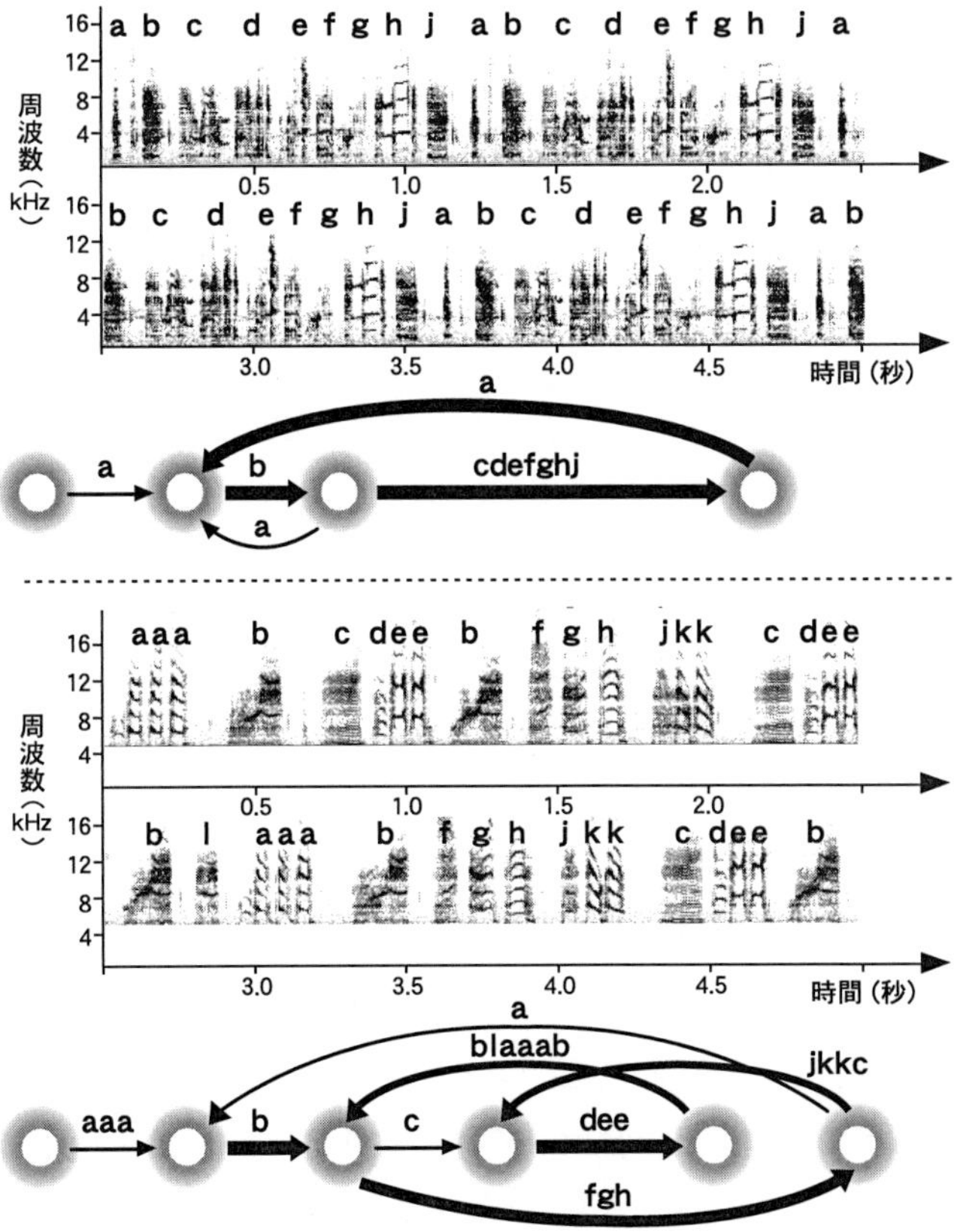

図 12　上：コシジロキンパラの歌のソナグラムと遷移図．決まりきった定型的な順番でうたわれる．歌要素はざわざわして聞こえる．下：ジュウシマツの歌のソナグラムと遷移図．複雑な遷移規則があり，さまざまな順番でうたわれる．歌要素は澄んだものからざわつくものまでいろいろある．なお，遷移図は，実際には120秒以上の録音にもとづいて構成されるため，上に示したソナグラムと遷移図では一部一致しない部分もある．

a a a b c d c d a b b…

	a	b	c	d
a	2	②		
b		1	①	
c				②
d	①		①	

図 13　線形性の計算．例にみる歌要素配列でうたわれたとする．この記号列をもとに，ある記号の次にどの記号がくるのかの集計をとり，行列の形であらわす．この行列の，対角要素(同じ記号への遷移)以外の箇所がいくつ埋まったかをかぞえ，これを N とする．この鳥の歌に含まれる要素種類数を n とすると，線形性は n/N で定義される．N の最大値は，行列の対角要素以外の要素数だから，n の自乗から n を引いた値である．したがって，線形性の最小値は $n/(n^2-n)=1/(n-1)$ で 0 に近づく．この場合，対角要素以外は 5 つ埋まり，全部で 4 つの歌要素があるから，線形性は 4/5 ＝0.8 である．

でうたう場合には0に近くなる。

ジュウシマツは、有限状態文法にもとづき多様な配列で歌をうたうが、決してでたらめにうたっているわけではないし、また、いつも同じ順番でうたうわけでもない。いっぽうコシジロキンパラはほとんどいつも同じ順番に要素を配列してうたう(図12)。結果として、八羽のジュウシマツの線形性の平均値は〇・三三であったのに対し、同数のコシジロキンパラの平均値は〇・六一であった。ジュウシマツのほうが明らかに複雑な歌をうたっていることがわかった。

ジュウシマツとコシジロキンパラの歌には、他にも違いがある。同じ環境で録音してみると、ジュウシマツの声のほうがコシジロキンパラの声より一四デシベルも大きな声でうたっていることがわかった。これはたいへん大きな違いで、コシジロキンパラから約一メートル離れたところで聞く歌の大きさ(音圧)と、ジュウシマツから約五メートル離れて聞く歌の大きさがほぼ等しいことになる。

まとめると、ジュウシマツの歌はその祖先種であるコシジロキンパラの歌に比べより複雑で、より大きな声でうたわれる。しかしどちらの系統も八つ程度の歌要素を用いて歌を構成している点では同じであることがわかった。

コシジロキンパラとジュウシマツの歌の違いは、純粋に学習に帰せられるのであろうか、それとも歌をうたうしくみが根本的に異なっているのであろうか。この二系統の歌の違いが環境的なものであれ遺伝的なものであれ、その違いをもたらした要因があるはずである。それは何なのか。第6章と第7章ではこの問題をより深く検討する。

その二　メカニズム

このように複雑なジュウシマツの歌を支えている神経メカニズムはどうなっているのだろ

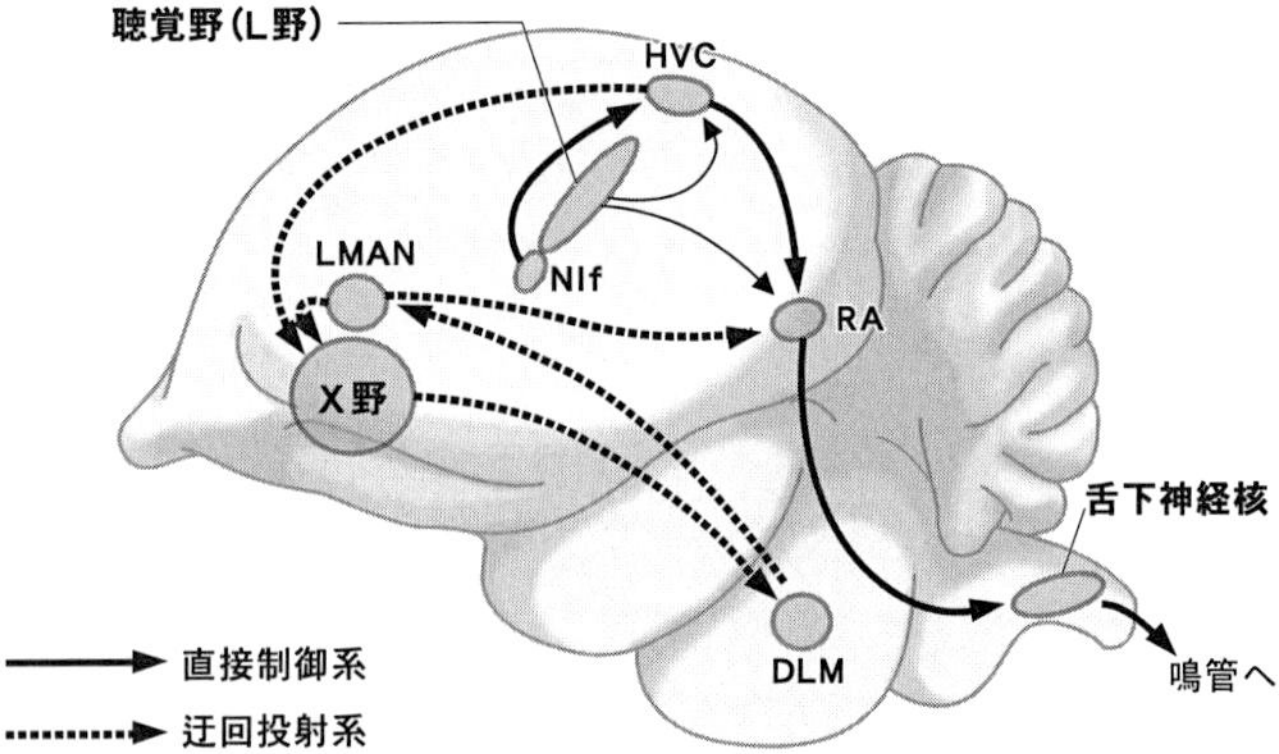

図 14　小鳥の歌の制御・学習回路．図は，鳥の脳を縦に切った模式図．左が前．◯で囲まれた部分は神経細胞の集団である神経核．矢印でつながれた部分は神経繊維による連絡を示す．これらはすべて左右両半球に対称にある構造である．

うか。これを調べていく前に、鳴禽類の歌制御システムの概略を説明しておこう。図14に、歌制御・学習回路を模式的に示す。ここでの説明は、ほとんどがキンカチョウを対象として行われた研究にもとづく。

小鳥が歌をうたう際には、図中実線で示したシステムが作動する。ＮＩｆ、ＨＶＣ、ＲＡと連なる神経回路は、最終的に延髄の舌下神経核に至り、そこからの神経繊維が歌の音源である鳴管を制御し、歌がうたわれる。また、図中破線で示された、ＨＶＣからＸ野、ＤＬＭ、ＬＭＡＮと迂回し、ＲＡに至る神経回路は、歌を学習する際および歌のメインテナンスのために必要な回路である。自己のうたった歌は聴覚系により処理され、大脳のＬ野を経てＮＩｆとＨＶ

Cにフィードバックされる。すなわち、鳥の歌制御系は同時に歌の聴覚情報処理もしているのである。

ＨＶＣとＲＡは、歌をうたうにあたり階層的な情報処理をしていると考えられている。歌をうたっている小鳥のＨＶＣとＲＡにそれぞれ電極を埋め込み、電気刺激して歌を中断させるという研究がある。これによれば、ＨＶＣを電気刺激した場合には、その時点から先の歌が止まってしまうが、ＲＡを電気刺激した場合には、ちょうどそのときうたっていた歌要素が影響を受けるだけで、歌は続くということである。それならば、ＨＶＣが歌全体の構成を作り、ＲＡがそれぞれの歌要素を受け持つことになる。同様に、電気刺激するのではなく、小鳥が歌をうたう際の神経活動を記録する実験も報告されている。これによれば、ＨＶＣの神経細胞は歌をうたうあいだ全体として活動しているが、ＲＡの神経細胞は、ある特定の歌要素がうたわれるときのみ活動したということである。

歌制御の階層性をつきとめる(メカニズム)

これらの結果にもとづき、私たちはジュウシマツの歌制御システムが、複雑な階層構造をもった歌をどのように制御しているのかを調べる実験を計画した。はじめは、歌に関わる神経核のそれぞれの機能を止め、歌がどう変化するのかを調べることにした。

ジュウシマツの歌は、歌要素がいくつか集まってチャンクをなし、チャンクの配列規則が有限状態文法で規定されて特定のフレーズがうたわれる(図8参照)。つまり、歌要素、チャンク、フレーズが階層構造をなしている。歌制御系にもRA、HVC、NIfという階層構造がある。行動と脳神経系とが対応しているのではないかと仮説を立て、研究を始めた。

歌制御システムの最初に位置する神経核であるNIfの機能を停止し、その影響を調べる研究を行ったのは、当時学部四年であった星野力であった。

NIfの機能停止により、複雑な遷移構造をもった歌が、単純な歌に変化してしまうことがわかった。NIfを機能停止したジュウシマツは、それまではさまざまなフレーズをとっかえひっかえうたっていたものが、単一のフレーズしかうたえなくなってしまった。言うなれば、NIfが機能停止することにより、ジュウシマツの複雑な歌が、コシジロキンパラ並に単純なものになってしまったのである。すなわち、NIfはジュウシマツの歌の有限状態文法を担っていることがわかった。

NIfの次にあるHVCの機能を調べたのは、助手として赴任してきた宇野宏幸である。宇野は、九官鳥がものまねを学習すると、その音声に特異的に反応する神経細胞が九官鳥の聴覚系に生ずることを発見していた。宇野はその後、獨協医科大学の生理学教室において、キンカチョウを使った電気生理学的な研究を行って技術を磨いていた。獨協医科大学には、斎藤望先生の率いる鳥の歌研究のグループがあり、世界的にも有名であった。

　宇野は、ジュウシマツの左HVCを部分的に損傷してみることにした。なぜならば、左HVCが右HVCに比べて歌制御に優位であること、左HVCをすべて損傷してしまうと、そもそも歌が分析可能な形で残らないことがわかっていたからである。実験の結果、左HVCを二五〜七〇パーセント損傷した個体で、歌に興味深い変化が見られた。

　それ以上の損傷では、歌要素の特定ができず、それ以下では何の変化も生じなかった。中程度の損傷により、歌の中から特定のチャンクが欠落する、という現象が観察された。特定の歌要素の並びが欠落するのであって、特定の歌要素自体が欠落するのではない。手術前にうたっていたすべての歌要素は、手術後にも保持される。しかし、歌要素の特定の組み合わせが欠落するのである。「あいうえお」はすべて言えるが、特定の単語が言えなくなってしまったようなものである。

　私たちはさらに下流のRAについて検討してみた。実験を担当したのは、博士課程に在籍していた平田直樹である。RAはたいへん大きな構造で、全体を機能停止することが難しかったので、部分的な損傷となった。興味深いことに、RAの損傷の効果にも左右差があった。しかし、HVCのように、どちらかいっぽうが優位であったわけではない。左右がそれぞれ異なる機能をもっていたのである。

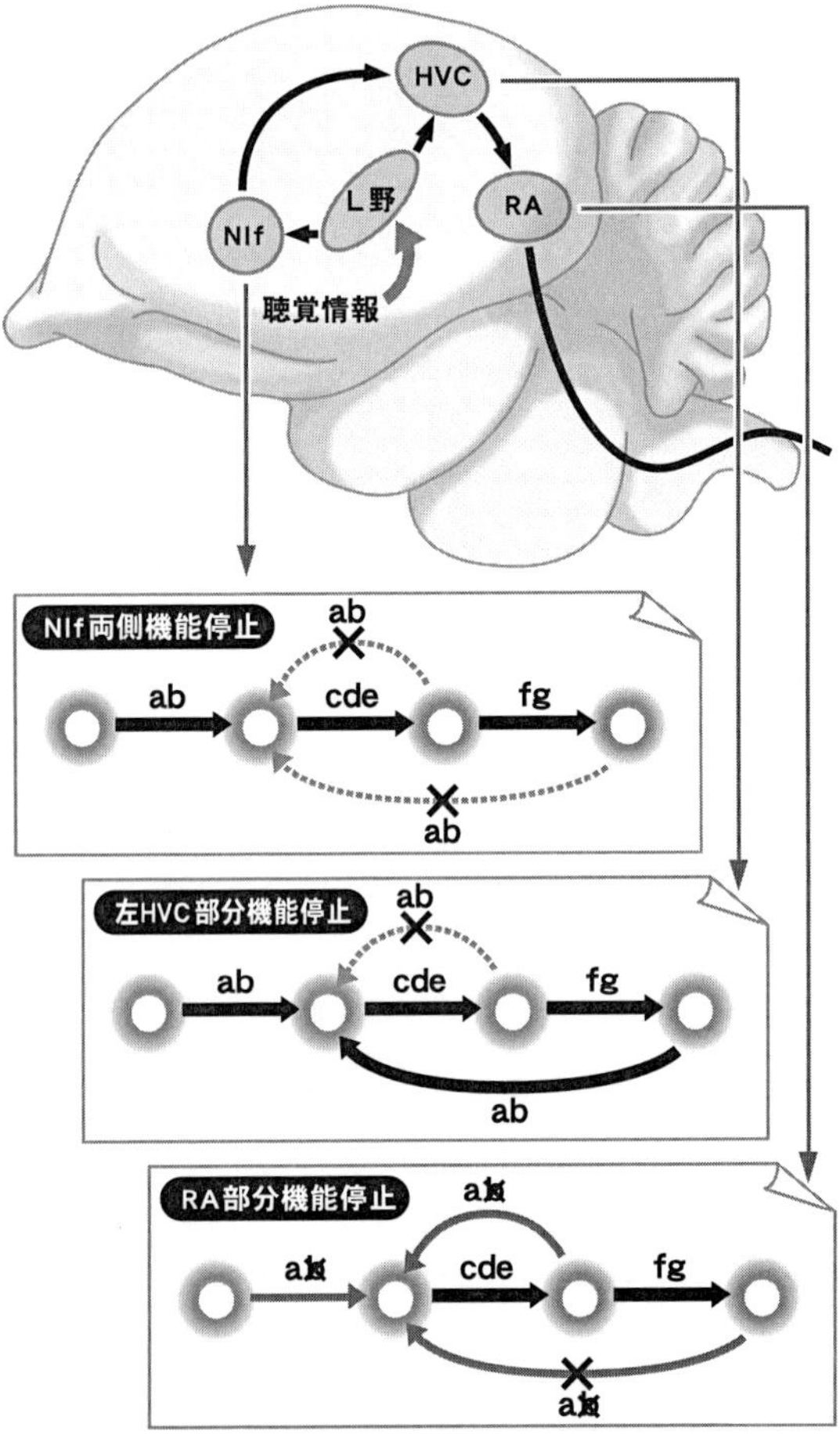

図 15　解剖学的階層と歌の階層．ジュウシマツの歌の階層性は，神経核の階層性によく対応している．

左ＲＡが損傷されると、その個体がうたっていた歌のうち、高い周波数をもった歌要素が欠落した。逆に、右ＲＡが損傷されると低い歌要素が欠落した。境目は一・五キロヘルツであった。ＲＡでは、歌の各要素に対応する制御を行っていることがこれでわかったが、それだけではなく歌要素の分担が周波数に応じて左右に振り分けられていることもわかったのである。

以上の機能停止実験の結果をまとめると、ジュウシマツの歌のフレーズ、チャンク、歌要素という階層は、ＮＩｆ、ＨＶＣ、ＲＡという解剖学的な階層に対応していることがわかった(図15)。

歌の聴覚情報処理(メカニズム)

機能停止実験の結果は、行動の階層性と脳の階層性が対応するという美しいものであった。小鳥の歌制御系は、歌を制御すると同時に歌の聴覚情報処理も担当している。階層的な脳構造は、歌を耳で聴いて分析する際にも階層的にふるまうのだろうか。

この難しいテーマには、宇野の後任として助手になった中村耕司が挑戦することになった。中村は、北海道大学水産学部でイルカの超音波産出について研究して博士号を取得したばかりであった。私はある研究会で中村の見事な発表を聞き、ぜひ共同研究をしたいと考えていたのだった。

ジュウシマツの大脳における歌の聴覚処理を解明するにあたり、私たちはどのような刺激を聴かせればうまくいくかを検討した。その結果、歌を編集していろいろな時間特性をもつ人工歌を作ることにした。

まず、ジュウシマツの歌を録音し、デジタル化した。これを「順再生歌」とする。これをまったく逆回しして、「逆再生歌」を作る。逆再生歌では、順再生歌の最後の歌要素が前後逆転して最初にあらわれることになる。逆再生歌は順再生歌と同じ周波数成分をもつが、時間構成はまったく異なる。順再生歌と逆再生歌のあいだに、二つの部分逆再生歌が考えられる。ひとつは、歌要素の順番だけ逆にし、歌要素それ自体は逆にしないもの。これは巨視的にみれば逆転しているが微視的にみれば逆転していないという意味で「大局逆転歌」と呼ぼう。もうひとつは、歌要素の順番はそのままにして、それぞれの歌要素をその場で前後逆転したものである。これは「局所逆転歌」である。

中村はこれらの歌を編集し、その歌をうたった個体に聴かせながら神経活動を記録していった。一回の実験で丸一日以上かかる、持久力と忍耐力を必要とする実験であった。中村は、HVCとRAにおいて、これら四種類の歌を聴かせた際の聴覚神経反応を記録し、丹念に分析していった。結局彼は、この実験を四年間やっていたことになる。もちろんその間には他

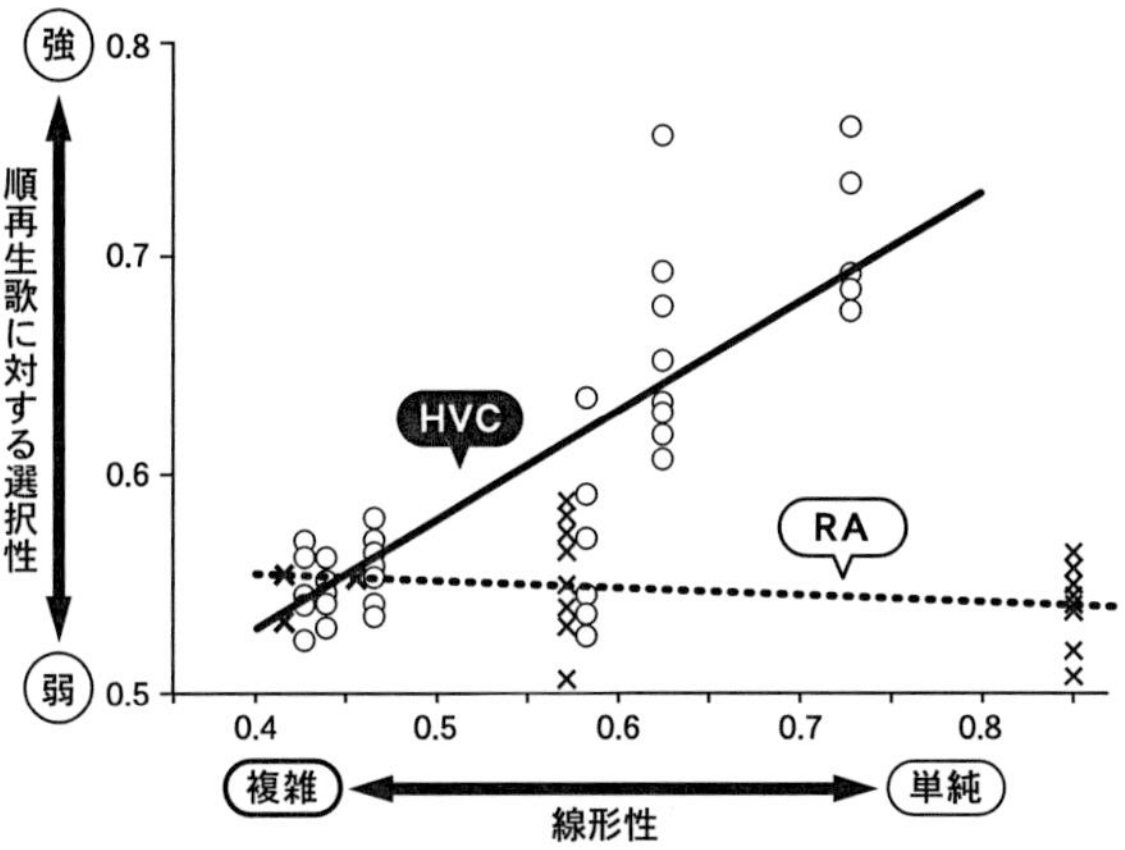

図 16 HVC と RA における聴覚神経細胞の反応特性．横軸には線形性(持ち歌の複雑さ)，縦軸には順再生歌に対する選択性(順再生歌への反応/(順再生歌への反応＋大局逆転歌への反応))をとった．◯は HVC，×は RA の神経細胞の反応．順再生歌と大局逆転歌への反応比率は，HVC では持ち歌の複雑さに相関するが，RA では独立であることがわかる．(◯や×は，実際のデータをもとに，見やすさを考慮して配置を動かしてある．)

の研究も並行して進めていたが、忍耐力の必要なテーマであった。

HVCの神経細胞は、順再生歌に非常に強く反応したが、逆再生歌にはまったく反応しなかった。また、局所逆転歌にもほとんど反応しなかった。しかし、大局逆転歌に対する反応は個体によりまちまちであった。ある個体では、HVCの神経細胞は大局逆転歌に非常によく反応し、ほとんど順再生歌への反応と同等のレベルの反応を示したが、他の個体ではほとんど反応が生じなかった。

何がこのような個体差につながるのだろうか？　中村は、実験に使った鳥の歌を詳細に検討し、「持ち歌」の複雑さが関係することを発見した。複雑な歌をうたっている個体のＨＶＣ神経細胞は、大局逆転歌に強く反応するが、単純な歌をうたっている個体では神経細胞はほとんど反応しないことがわかった(図16)。

この結果を解釈するに、複雑な歌をうたうということは、さまざまな歌要素の組み合わせを処理する神経細胞を必要とするが、単純な歌の場合にはそうではない。複雑な歌をうたう個体のＨＶＣでは、大局逆転歌にある歌要素の組み合わせにも対応できるが、単純な歌をうたう個体では、順再生の歌にしか対応できないのであろうと考えた。

いっぽう、ＲＡでは線形性にかかわらず一定の応答を示した。このことは、歌の系列(フレーズやチャンク)ではなく個々の歌要素に反応していることを示す。

以上の結果をまとめよう。歌をうたう際には、ジュウシマツの大脳の三つの歌制御神経核、ＮＩｆ、ＨＶＣ、ＲＡはそれぞれ歌のフレーズ、チャンク、要素に対応した処理を行うことがわかった。歌を聞く際にも、ＨＶＣには歌要素の組み合わせ(チャンク)に応答する神経細胞があり、ＲＡには個々の歌要素に反応する神経細胞があった。ジュウシマツの複雑な歌構造は、大脳の階層的な神経核で実現されているのである。

聴覚と発声の相互作用（メカニズム）

ジュウシマツは他の多くの鳥とは異なり、成鳥となってからでも自己の歌を聞かないと歌の構造を維持できない。このことは、内耳を摘出する手術を行ってわかったことだが、内耳を取ってしまったジュウシマツは、そのまま一生音が聞こえない。これでは、聴覚と発声の相互作用は研究できない。

そこで、山田裕子（修士一年）は修士論文のテーマとして、ヘリウム空気の中でジュウシマツをうたわせてみることにした。山田は東海大学海洋学部にいたときにライフセービング部の副主将をしていた海の女である。ダイビング用のヘリウム空気を手際よく調達してきた。試してみた人もいるかもしれないが、ヘリウム空気を吸ってしゃべってみると、変な声になる。潜水艦の中では、潜水病対策として、窒素の代わりにヘリウムを使っているので、みんなが変な声で話しており、それに慣れてしまう。ジュウシマツは、自分の声が変に聞こえるようになったら、歌をうたえるだろうか。

ヘリウム空気の中で声が変になる理由は、通常の空気中より音の伝播速度が一・八倍ほど速くなるからである。このことで、音が口の中で共鳴する特性が変わり、妙な声になる。より具体的に言うと、共鳴特性が変わることで、より高次の倍音が出るようになるのである。

ジュウシマツをヘリウム空気の中でうたわせてみると、人間と同様に、高次の倍音が出るようになり、変な声に聞こえるようになった。ジュウシマツ自身も変な声になったと思ったようで、首を傾げたり、途中で歌を止めたりしてしまう。

空気中での歌の文法規則と、ヘリウム中でのそれを比較すると、ヘリウム中では、空気中では決してうたわれなかったチャンクの組み合わせが出てくることがわかった。自分の声が変化したことで、これを修正しようとした結果、歌の文法まで間違ってしまうようである。山田のこの発見により、歌制御に関わる聴覚フィードバックの研究が進むことを期待している。

その三　発達

ジュウシマツの複雑な歌はどのような過程を経て個体で実現されるのだろうか。歌に見られる階層構造は、要素レベルから順に発現するのであろうか、それともすべての階層が同時に発達してゆくのだろうか。

まず、ジュウシマツの歌の発達過程を簡単に記述しよう。オスのジュウシマツは生後三五日ほどでうたいはじめる。はじめての歌は、ジャ、ジャ、ジュ、ジュ、ジャ、ジャと聞こえる雑音のつらなりである。成長にともない、少しずついろいろなパターンの音を出すようになるが、生後六〇日ぐらいまでこの状態が続く。

　ソナグラムでは、雑音のように聞こえる音は縦方向(周波数方向)に明暗がはっきりしないパターンが伸びて見える。明瞭な音は、ソナグラムでは明暗がはっきりと出て見える。図17では、生後四七日と六四日のソナグラムが示されている。ほとんどの音が、広い周波数域をもつノイズのような音だが、六四日のソナグラムのほうが明瞭な音が多くなることがわかる。この段階の歌は、歌というにはあまりに下手くそなものなので、「サブソング」と呼ばれる。歌は求愛の機能をもつと言ったが、この段階では、鳥たちはまだ幼く、隅のほうであまり目立たないようにうたっている。

　生後七〇日以降になってくると、おとなとしてうたう歌の要素はほとんどすべて出現する。しかし、その配列の順番はうたうたびに変化する。ジュウシマツでは成鳥の歌は、文法構造に則って変化するが、この段階では、そのような規則を抽出することが難しい。いろいろな並べ方が現れるのである。この理由により、この時期の歌は「プラスティックソング」(可塑的な歌)と呼ばれる。図17には生後一〇四日の歌が示されている。この段階では鳥は若者だが、まだ求愛の場面でうたうことはない。

　生後一二〇日程度で、ようやく歌の配列規則がきまり、成鳥の歌といえるようになる。これを「クリスタライズドソング」という。つまり、結晶化した固まった歌であるという意味

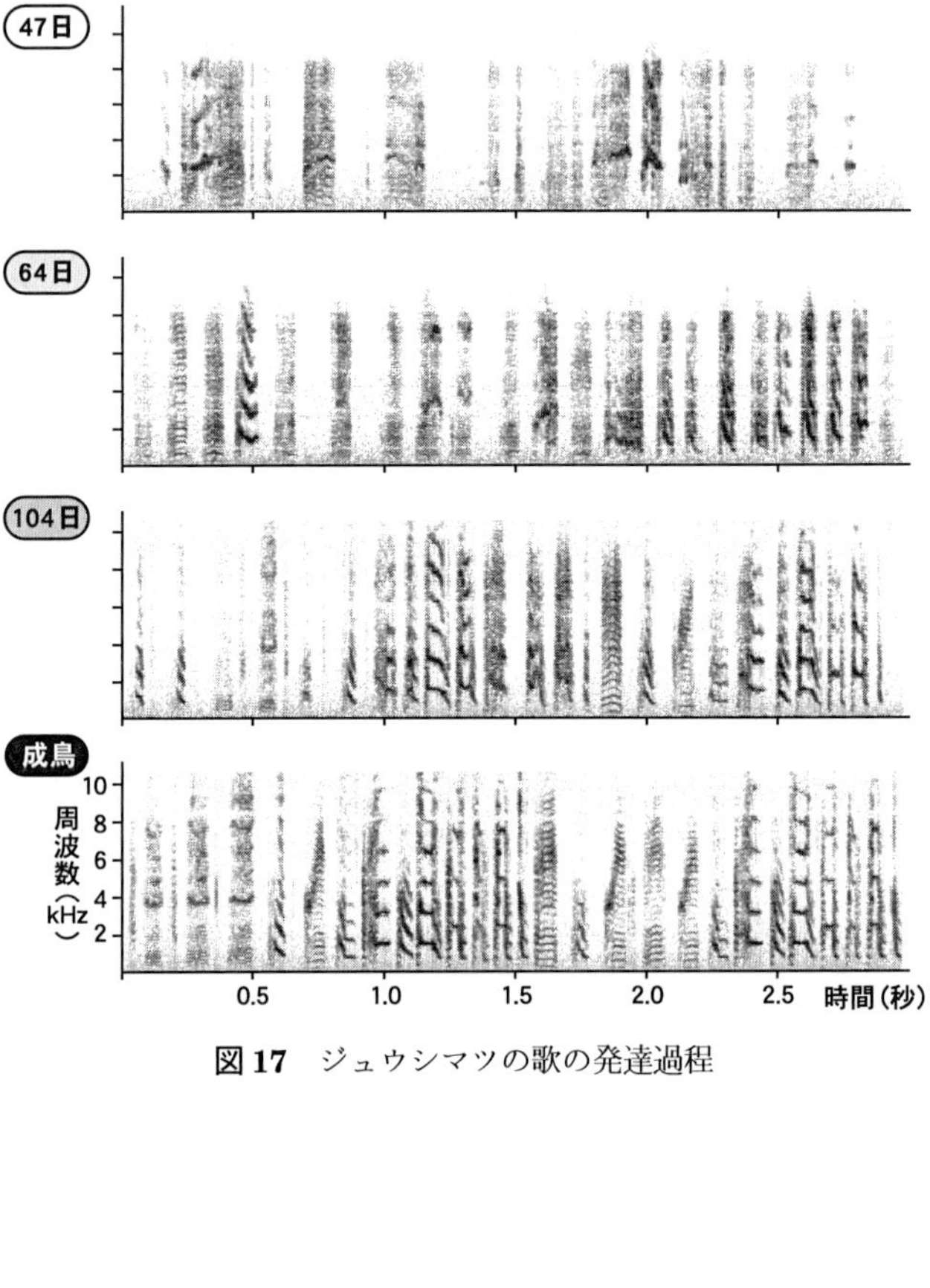

図 17　ジュウシマツの歌の発達過程

だ。固まったとはいえ、他の多くの鳥のようにワンパターン配列になったという意味ではない。歌を生成する有限状態文法が固定したという意味である。ジュウシマツでは、歌を構成する要素の音響特性が生後七〇日程度でまず完成し、それからさらに五〇日をかけて要素配列の有限状態文法を獲得してゆくのである。ここに至り、成鳥となったジュウシマツは、ようやく求愛の場面でうたいはじめるようになる。

しかし、まわりにメスがいない場合でも、ジュウシマツはよくうたう。メスに向かってうたう求愛の歌を「志向歌」、ひとりでうたう歌を「無志向歌」と呼ぶ。前者を「くどき歌」、後者を「うかれ歌」という場合もある。

ジュウシマツの歌の発達過程は、類縁種のキンカチョウに比べ、ゆっくりとしている。キンカチョウでは生後三〇日からサブソングがはじまり、生後五〇日程度でプラスティックソングになる。生後八〇日で、完全に配列が固定し、成鳥の歌となる。キンカチョウとジュウシマツの歌発達の違いは、身体的な発達過程の違い全般を反映しているのみならず、学ばねばならない歌の複雑さも反映しているようである。キンカチョウのヒナをジュウシマツの家族に里子に出した実験では、里子たちはジュウシマツの歌を簡略化して、定型的にうたうようになった。歌要素そのものはほとんど学ぶことができたが、文法構造は学べなかったのである。

里子実験という方法は氏と育ちを分離できるから、このような研究にとても有効である。このテクニックを使ってジュウシマツとコシジロキンパラの歌を分析した別の研究を後の章で詳述する。

発達の過程で生ずる脳の変化（発達）

歌が学ばれていく際、脳ではどのような変化が進んでいるのだろうか。ここではキンカチョウの発達にともなう脳の変化について説明しておこう。ジュウシマツでは、キンカチョウより少々時間がかかるが、基本的に同じ過程をたどると予想できるからである。キンカチョウの雌雄は、生後一二日の段階では差がないが、生後二五日になるとオスのHVCとRAはメスのそれらより明らかに大きくなる。生後五三日で、大人に見られる雌雄差と同等になり、オスではHVCとRAが大きく発達し、メスではこれらが痕跡程度に小さくなる。HVCとRAの解剖学的結合は、生後二五日の段階では存在しないが、LMANとRAはこの段階ですでに結合している。HVC－RA連絡ができるのは、生後五〇日前後であり、この時期はプラスティックソングの出現に対応している。

脳の解剖学的な変化に対応して、X野の神経細胞は、生後三〇日より自種であるキンカチョウの歌ならどれにでも反応するようになる。生後六〇日ぐらいになると、自分が歌を学んだ師匠(父親の場合が多い)の歌に対してより選択的に反応するようになるが、その後少しずつ自分自身の歌に対してのみ選択性をもつようになってくる。

このように、キンカチョウにおいては、解剖学的な結合の変化、生理学的な刺激応答の変化が、歌の発達のランドマークに対応していることがわかっている。私たちは、ジュウシマツにおいてこれらがどう対応するかを調べているところである。

歌の可塑性(発達)

ジュウシマツでは、おとなになってからでも歌が変化する。耳を聞こえなくしてしまうとすぐ歌の文法構造が変わることは先に述べたが、そのような劇的な操作をしないでも、たとえば同居しているメンツが変わるだけで、歌が変わる場合もある。また、鳴管神経の一部を傷つけると、その回復過程においてさまざまな歌をうたう。最終的に回復したとき、前とはまったく異なる歌をうたっている場合もある。

歌の学習は臨界期のある現象であるが、条件設定によっては、一度閉じてしまった学習の臨界期を再びこじ開けることができそうである。どのような条件を設定すれば、おとなになってしまったジュウシマツに新たな歌を学ばせることができるのだろうか。そのとき、ジュウシマツの脳は一時的に若返っているのだろうか。どのような神経伝達物質が、どのような遺伝子が、歌の再学習に貢献するのだろうか。これらを解明することで、脳損傷により言語を失った患者さんにどのようにリハビリをしていけばよいのかがわかるのではないかと期待している。

その四　機能

これまで、ジュウシマツの歌の進化、メカニズム、そして発達を見てきた。ジュウシマツは巧妙なしくみで複雑な有限状態文法をもった歌をうたっており、これを獲得するために時間をかけて学習している。ジュウシマツは、家禽化されたことで捕食されるおそれが減り、そのことでメスによる選択が強調され、歌を複雑化させたのだと考えられる。

こう仮定することで、私はすでにジュウシマツの歌の複雑さがどんな機能をもつかを予測してしまっている。ジュウシマツの歌の複雑さは、メスをよりひきつけ生殖行動を有利に運ぶのであろう。

この仮説を検討するために、さまざまな実験を行ってきた。これを順次説明していくが、その前に性淘汰の理論を簡単に説明しておこう。

性淘汰（機能）

ダーウィンの進化論でよく知られる考えは、「自然淘汰」というものである。生き物には遺伝的に個体差があり、環境に適応してうまく生き残るものとそうでないものがいる。うまく生き残るものは繁殖して自己の遺伝子を複製するから、うまく生きるのに適した形質が進化してゆく。

しかし有性生殖を行う動物では、そもそも異性に選択されることなしには、繁殖することができない。オスとメスの性比は一対一ではあるが、メスは産卵や子育てなど、繁殖に費やす時間とエネルギーが多い。結果として、オスはメスを奪いあうようになるから、メスは求愛してくるオスの中から資質の高いものを選ぶことができる。このため、オスでは自分の優良さを示すための信号が発達する。これは、ダーウィンのもうひとつのアイディアで、「性淘汰」という。小鳥の歌は、性淘汰により進化してきた信号であると考えられる。

複雑な歌はメスの性行動を刺激するか（機能）

ジュウシマツの歌が求愛行動であり、複雑なものであればあるほどメスが交尾を受け入れるとすれば、複雑な歌をうたう才能をもったオスの遺伝子がより広がり、そのような形質が進化することになる。

学部四年だった西川なおみはこれを直接検討するために、ジュウシマツのメスに性ホルモンであるエストロゲンを埋め込み、防音箱の中に入れて歌を聞かせてみるという実験を行った。聞かせた歌が気に入って、交尾を受け入れる気になると、メスは交尾誘発姿勢をとる。この姿勢は、背を湾曲させオスが交尾しやすくする行動である。

しかしメスを歌だけでその気にさせるのはなかなか難しかった。全部で八羽のメスをテストしてみたが、そのうち二羽だけが交尾誘発姿勢を示した。この二羽に、同じ歌刺激を逆転再生して聞かせたところ、反応は起こさなかった。ここまで確認した後、歌の複雑さを変化させた場合のメスの行動を調べようとしたが、それ以後これらの鳥たちは二度と反応してくれなくなってしまった。そういうわけで、この実験は頓挫してしまったが、西川はオスとメスの脳の違いに研究テーマを変えて、立派な卒業論文を書いた。

複雑な歌はメスの繁殖行動を刺激するか(機能)

複雑な歌が直接性行動を誘発するかどうかを調べるのは、非常に難しいことがわかったので、次に私たちは、歌の複雑さの違いが繁殖行動(巣作りや産卵)に影響するかどうかを調べた。この実験は当時学部四年であった鷹島あかねにより行われた。鷹島はこれ以外にもさまざまな実験を試みたが、どれもうまくいかず、卒業が危ぶまれていたところであった。

オスの歌をひとつ選び、これがどのような有限状態文法で記述されるかを確認したあと、この歌をもとに、有限状態文法にもとづいて歌を再生するプログラムを作った。また、有限状態文法を使わず、常に一定の順番で歌を再生することもできるようにしておいた。複雑な歌と単純な歌は、使われる歌要素は同じ数で、一日に再生される時間も同じだが、文法構造のみが異なる。

このシステムを使って、メスを刺激しながら繁殖行動を測定しようということになった。実はこれに近い実験は、約三〇年も前に、山梨大学の中村司先生により行われていた。しかし当時の技術では、歌の複雑さを変数とすることができず、歌要素の多い少ないが変数になっていた。結果は残念ながらあまり明瞭ではなかった。

鷹島は基本的には中村先生の方法に従った。小さい鳥かご（ケージ）にメスを一羽だけ入れ、壺巣をつけておく。また、巣材を一本ずつ取り出すことのできる装置を工夫し、一二センチに切ったシュロの繊維を毎日一〇〇本作ってセットした（図18）。毎日夕方に前日の巣材が何本巣に運ばれたか、卵が産まれていたかどうかをチェックし、巣材をすべて入れ替える。そして翌日の午前中、総計一二〇分間鳥に歌を聞かせる。そしてまた巣材をかぞえ、あらたにセットし、という繰り返しを、鷹島は六〇日間続けた。もちろん実験したのは一羽だけでなく、ひとつの防音箱に四つのケージを入れた。そして、三つの防音箱を用意し、それぞれ複雑な歌を聞くグループ、単純な歌を聞くグループ、何も聞かないグループに適当に割り振っ

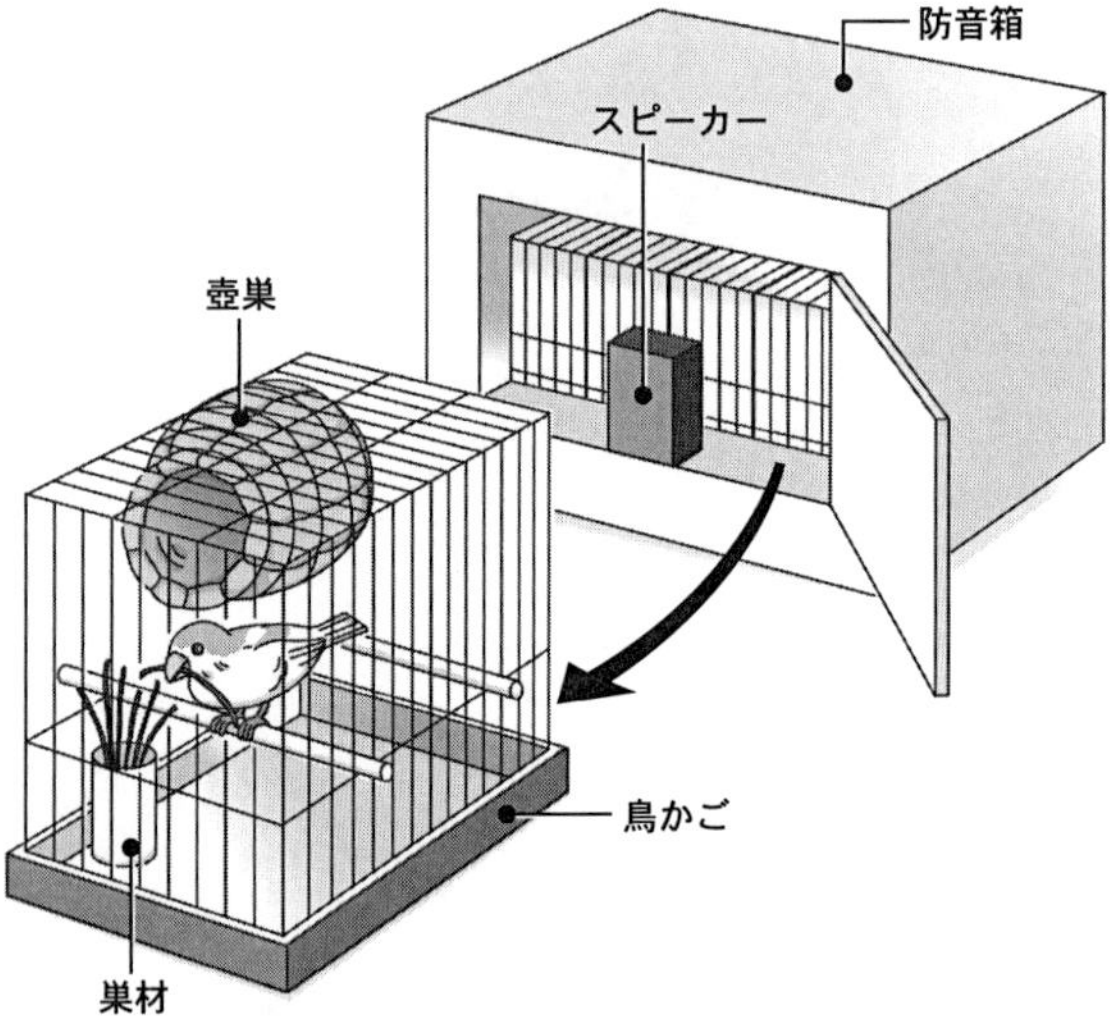

図 18　巣材実験のセットアップ

た。

　ということは、鷹島は毎日一ケージで二〇〇本、一二ケージで二四〇〇本の巣材をかぞえたことになる。この実験が六〇日続いたから、彼女は全部で一四万四〇〇〇本の巣材をかぞえたことになる。忍耐力のいる実験であった。しかも、巣材をかぞえる際バイアスがかかってはいけないから、鷹島にはどの防音箱でどの刺激が流れているかを教えないでおいた。これは苦行である。しかし彼女はこれをやり遂げ、素晴らしいデータを得た。

　三つのグループとも、実験開始から一週間ほどはほとんど巣材を運ばなかった。しかしそれ以降、複雑な歌を聞いたグループはどんどん巣材を運ぶようになり、実験開始後二週間で、一日に四〇本もの巣材を運ぶようになった。このグループはその後さらに二週間、一日四〇本以上の巣材を運びつづけた。いっぽう、単純な歌を聞いたグループと何も聞かなかったグループでは一日平均一〇本から二〇本の巣材を運ぶに留まった。

また、複雑な歌を聞いたグループでは、実験開始後一週間以内に四羽中三羽が産卵を開始した。しかし他のグループではこれと同じレベルに達するまでにさらにもう一週間が必要であった。

鷹島は毎日苦しげな顔をして実験していたが、結果がまとまったときにはとても嬉しそうであった。実験終了後、私たちは、東京医科歯科大学の和田勝先生と大塚良子さんに、実験に使ったジュウシマツの血液の中のエストロゲンレベルを測定していただいた。その結果、複雑な歌を聞いたグループのメスのみが、実験前に比べて二倍のエストロゲン量を示した。

この一連の実験で、複雑な歌を聞いたジュウシマツのメスは、繁殖行動が活発になり、産卵行動が刺激され、血中の性ホルモンが増加することがわかった。すなわち、たまたま選んだ配偶者が複雑な歌をうたうオスだった場合、そのメスは子沢山になるであろうことが予想できる。それでは、メスはオスを積極的に選ぶだろうか？

メスは複雑な歌をうたうオスを選ぶか（機能）

この疑問は、京都大学大学院から一年間修行に来ていた森阪匡通により検討された。ある種のオペラント条件づけを利用して実験を行った。大きなケージの対角線上に壺巣をつけ、その中にスピーカーをつけた。壺巣の前に止まり木を置き、その止まり木に止まると自動的に歌が聞こえてくるようにした。ケージの中には他の止まり木も設置してあるが、もし特定の歌を好めば、その歌が流れる止まり木に積極的に止まるはずである。

この実験でも、ワンパターンの繰り返しの歌と、有限状態文法により変化する歌を使った。実験に使ったメス八羽のうち、四羽が複雑な歌を、一羽が単純な歌を好んで聞いた。残りの三羽は特にどちらにも好みを示さなかった。

結果、メスのジュウシマツの歌の好みには個体差があるが、複雑な歌を好む個体が全体の半分はいることがわかった。メスの全体の半分が複雑な歌を好み、一割程度が単純な歌を好むのであれば、全体としては複雑な歌への好みが進化するであろうと予想できる。

以上三つの実験を通して、ジュウシマツのメスは複雑な歌を好み、そのような歌で刺激されるとより強い繁殖行動を示すことがわかった。

5　四つの質問を超えて

以上で、ジュウシマツの歌の複雑さを、ティンバーゲンの四つの質問によりひととおり検討したことになる。しかし、私たちが行っている実験のすべてが進化・メカニズム・発達・機能で分類できるわけではない。これら四つの質問の狭間にあるような疑問もたくさんあり、そのような疑問こそが真に統合的な疑問なのであろう。

歌の文脈と脳活動

発達のところで述べたように、ジュウシマツの歌には志向歌(くどき歌)と無志向歌(うかれ歌)がある。これは類縁種のキンカチョウでも同様である。志向歌はその名のとおりメスに向かってうたう歌だが、無志向歌の機能は謎であった。ほぼ同時期に、まったく独立に、キンカチョウを使ってこの謎に迫る発見をしたのがアメリカのアリソン・ドープとエリック・ジャービスである。ふたりともたいへんチャーミングな人柄で、私のよい友達である。

一五年以上前、小鳥に歌を聞かせると、その聴覚系で特異的な遺伝子が発現する、という発見がなされた。遺伝子が発現するということは、DNAが読み出され、あらたにタンパク質が合成されるということである。ここで合成されるタンパク質は、神経回路を書き換える働きをすると考えられる。たいへん面白いことに、歌を三〇分間聞かせつづけると遺伝子が発現するが、それ以上聞かせると発現しなくなってしまうのである。遺伝子が発現することで、その歌の記憶が刻まれ、神経回路の書き換えが起こるが、じゅうぶん書き換えられると記憶が定着し、さらなる書き込みが不必要になるのだろうと解釈される。

ジャービスとドープはまったく独立に、歌を聞くときだけではなく、歌をうたうときにも小鳥の大脳で同じ遺伝子が発現することを発見した。さらに驚くべきことに、志向歌をうたっているときと無志向歌をうたっているときでは、遺伝子の発現パターンが異なるというのである。志向歌をうたっているときには、直接制御系のHVCとRAに遺伝子が発現する。しかし、無志向歌をうたっているときには、これらに加え、大脳基底核のX野で非常に強い遺伝子発現が見られた。

大脳基底核は、精緻な運動を学習するときや維持するときに活動する。人間では、体を動かすときばかりではなく外国語を話しているときによく活動すると言われている。小鳥が無志向歌をうたっている際にここが活動するということは、無志向歌は、自分の歌が下手にならないように練習するためにうたっているのではないかということになる。つまり、自分の声をよくモニターしながら、お手本として記憶した歌との食い違いがないかどうか確認しているのではないだろうか。いっぽう、志向歌をうたうときには、メスに向かって一生懸命であり、自分の歌をちゃんと聞いている余裕がないのに違いない。

小林耕太は、きわめてかしこい方法で、この仮説を検証した。私たちが話すとき、無意識のうちに環境雑音のレベルに合わせて声の大きさを変えている。うるさいところでは大きな声で、静かなところでは小さな声で話すようになっている。これを「ランバート効果」という。小林はこれを応用して、背景雑音のレベルを段階的に変えながら、ジュウシマツが歌の大きさをどう変えてゆくのかを測定した。そのとき小林は、無志向歌と志向歌の両方を録音して、比較してみた。

その結果、ジュウシマツは無志向歌をうたうときのみ、背景雑音に合わせて歌の大きさを変えることがわかった。やはり、志向歌をうたう際には、あまりに一生懸命で自分の歌を聞く余裕がないのではないかと思われる。小林の研究によって、無志向歌には、聴覚フィードバックにより歌の精度を維持する機能があることがわかった。

コシジロキンパラのメスは複雑な歌を好むか

私たちは、歌の機能に関する実験から、ジュウシマツの歌が有限状態文法をもつに至った理由として、性淘汰を考えるようになった。メスが複雑な歌をうたうオスをつがい相手として選択していったことにより、歌を複雑にする方法のひとつとして文法が進化したと考えたのである。

それでは、コシジロキンパラのメスは、単純な歌より複雑な歌を好むのだろうか。これはとても大切な疑問である。原種のメスに、複雑さへの好みがないとすれば、家禽種であるジュウシマツが複雑な歌を進化させた要因としてメスの好みを仮定することができない。現在いるジュウシマツのメスが複雑な歌を好むのは、単にそういった歌を聞き慣れているからにすぎないのかもしれないのである。

コシジロキンパラを手に入れねばならなかったが、これがどこに行っても売っていなかった。ペット屋さんに尋ねてみると、輸入したってもうからないそうである。地味なつまらない鳥だから、とペット屋さんは言う。そう言われても、私たちにとってはとても価値のある鳥なのである。いろいろなところで、コシジロキンパラが欲しい欲しいと騒いだ。飼い鳥研究家の石原由雄さんや鷲尾絖一郎さんには特にお世話になった。その甲斐あって、ある東京のペット屋でコシジロキンパラを入荷したとの連絡をもらった。メスは八羽しかいなかったが、とりあえず全部購入し、巣材実験を計画した。

コシジロキンパラとジュウシマツではあまりに歌の音質が異なる。コシジロキンパラの声はざわざわしているが、ジュウシマツの声はより透き通っている。だから、ジュウシマツの歌とコシジロキンパラの歌をコシジロキンパラのメスに聞かせたら、たぶん聞き慣れたざわざわしたほうを選ぶだろうと思った。文法構造の有無のみを問題にしたかったので、それでは困る。そこで、歌要素数が同一のコシジロキンパラとジュウシマツの歌を探し、キメラ歌を作ることにした。

キメラ歌とはすなわち、音韻がコシジロキンパラで、文法がジュウシマツの歌である。ジュウシマツの歌を分析して有限状態文法を作り、コシジロキンパラの歌から分離した歌要素を当てはめた。非常に不自然な歌かと思いきや、まったくそんなことはなかった。

貴重な八羽のメスたちを、二つのグループに分けた。ひとつのグループにはジュウシマツとコシジロキンパラのもともとの歌を順に聞かせ、どちらでより多くの巣材を運ぶかを調べた。もうひとつのグループには無編集のそのままのコシジロキンパラの歌、つまりまったく同じ順番で歌要素を繰り返す単純な歌を三週間聞かせ、その後、音韻がコシジロキンパラ、文法がジュウシマツのキメラ歌を聞かせた。この実験は研究生であった奥原晶子と博士研究員であった米田智子が担当した。

第一のグループでは、ジュウシマツの歌を聞いている間は一日五本程度しか巣材を運ばなかったが、コシジロキンパラの歌に切り替えると一〇本程度に増えた。第二のグループでは、コシジロキンパラの歌を聞かせている間は平均一五本程度であったが、キメラ歌に変えたとたん大量の巣材を運びはじめ、数日のうちに一日三〇本以上運ぶようになった。キメラ歌は劇的な効果をもったのである。

ジュウシマツの原種であるコシジロキンパラのオスは、単純な線形性の高い歌をうたう。しかし、メスは、人工的に複雑化された歌で、繁殖行動がより強く刺激されることがわかった。つまり、メスは、オスの歌が単純なうちから複雑さへの志向をもっていたのである。コシジロキンパラの歌が単純であるとはいえ、少しは個体差がある。コシジロキンパラのメスは、単純な中でも、どちらかというと複雑な形式をもった歌を好むのかもしれない。しかし、野外環境での捕食圧により、歌はあまり複雑にならなかったのであろう。ペットとなることでこの制約が解けると、歌はメスの好みの方向に一気に変化していったのであろう。

複雑な歌にかかるコスト

根本的な問題として、「なぜ」メスは複雑な歌をうたうオスを選ぶのか、がある。これを考えるため、私は理論生物学者アモツ・ザハヴィの「ハンディキャップ理論」を使った説明を試みた。複雑な歌をうたうことは、多くの点でコストがかかる。たとえば、複雑な歌をうたうためには、うたっている間に歌の制御に注意を払わねばならない。その結果として、外界への注意がおろそかになると、捕食される危険が増大する。複雑な歌をうたいながら捕食されない個体は、それだけで認知的な能力が高いことを示す。

私たちはこの仮説を検証する目的で、以前、寺本英雄が行った実験(四〇頁参照)を違う視点からやり直してみることにした。いろいろな程度の複雑さの歌をうたう個体を用意し、どの個体の歌がフラッシュ光により中断されやすいのかを調べてみたのである。結果、より複雑な歌をうたう個体のほうが中断することが少なく、たしかに複雑な歌をうたうためには認知的なコストが必要であることがわかった。

歌文法の進化的シナリオ

ここで、今までの知見をまとめて、ジュウシマツの歌文法の進化についてシナリオをまとめておきたい。シナリオであるから、これが本当に起こったことなのかどうかは保証の限りではない。これまでの実験研究の成果を集積し、整合性のあるストーリーを導きだしたと思っていただきたい。

ジュウシマツやキンカチョウなど、カエデチョウ科の小鳥では、オスが求愛の歌をうたい、メスが歌にもとづいたオスの品定めを行う。これらの種では、歌は求愛の機能しかもたず、他の多くの種がもつような縄張り防衛の機能はもたない。したがって、カエデチョウ科の鳥の歌は性淘汰、とくに、メスによる選択によって進化したと考えられる。メスによって選択される形質は、それを維持することがハンディキャップとなるような形質であり、それを維持できることで優良さが示せるような形質であろう。

ジュウシマツの原種コシジロキンパラでは、ハンディキャップとなる形質は、歌の文法的な複雑さであった。どのような歌を学習できるかについては、個体により遺伝的なばらつきがある。さらにその上に、実際にどのような歌を聞いて育ったかという文化的なばらつきがあり、これらの複合体として実際にうたう歌が獲得される。

したがって、コシジロキンパラの歌には個体差があるはずである。しかし、野鳥であるコシジロキンパラは、実際には捕食などのコストにさらされ、歌の複雑さをめいっぱい進化させることができなかった。歌の文法的な複雑さを増進するような突然変異が起こったとしても、捕食により排除され、それが固定されることはなかった。

しかし、家禽種となりジュウシマツとしてペット化されると、野外における淘汰圧のほとんどが消失する。捕食圧はまったくゼロになり、採餌のためにかける時間もほとんど必要な

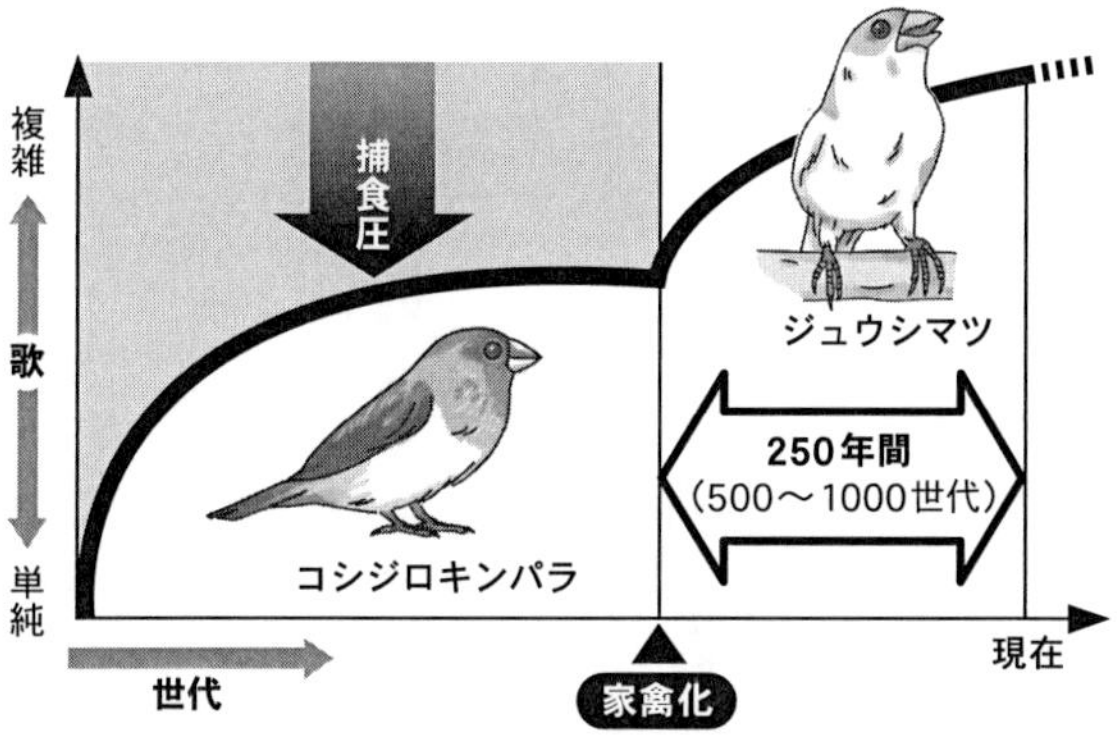

図 19　歌の進化．コシジロキンパラの単純な歌がジュウシマツの複雑な歌へと変わるまで．

くなる。また、歌を学習しうたうのに必要な神経系を維持するための代謝的なコストも、餌がふんだんにあるから問題とならない。すると残るのはメスの好みのみになる。

コシジロキンパラであったころ、歌はさまざまなコストをともなっていた。そのような環境で、文法的な複雑さが、優良さを示す信号として進化しはじめたが、家禽化されることで当初のコストのほとんどは問題でなくなり、そのためメスの好みがより強くストレートに反映されることになった(図19)。

ジュウシマツとして飼育されるようになってから、複雑な歌を学習可能にする突然変異が起こったとしよう。すると、そのオスとつがいにされたメスは繁殖に成功しやすくなる。すなわち、そのメスは一生懸命子育てをするし、そこで生まれた息子も歌が上手になるだろうから、メスにモテるであろう。このことで、歌の複雑さは、メスによる直接的な選択によらずとも、つがいになった後のメスの努力の配分により、すなわち、間接的な性選択により進化することとなった。現在のジュウシマツが文法的に複雑な歌をうたうようになった経緯を、私はこのように考えている。

このシナリオをふまえ、続く章では、ティンバーゲンの四つの質問にもとづく、しかし、より複合的な問いかけが展開される。野生のコシジロキンパラがどのような歌をうたうのか(第6章)、コシジロキンパラとジュウシマツの歌学習の違いはどこにあるのか(第7章)、自然に近い環境ではジュウシマツはどのような歌学習を見せるのか(第8章)、である。

6　住環境と歌の複雑さ
——台湾での野外調査

ディーコンのマスキング理論

私たちは、ジュウシマツの歌が複雑なのはひとえにメスの好みによると主張してきた。しかしここに、理論的な立場から他の要因を指摘してきた研究者がいた。『ヒトはいかにして人となったか』という言語の生物学的起源に関する大著を一九九七年に出版して一躍著名になったテリー(テレンス)・ディーコンである。私たちはテリーを何度か日本に招聘し、言語の進化について熱烈に議論した。テリーは食事中に議論がはじまると、刺身を味噌汁に入れて食べてしまうほど熱中する。私たちは食事中はできるだけ研究の話をしないように注意していた。

ディーコンは、「マスキング理論」というのを唱えている。たとえばこういう話だ。私たち人間は霊長類にしてはよい色覚をもっている。これはなぜか。ディーコンはここでビタミンCをもってくる。人間の祖先は豊富に果物がある場所で進化してきた。果物にはビタミンCが含まれるから、私たちの遺伝子のうちビタミンC合成に関わるものは、たとえその機能を失ってしまっても生存に関わらなくなってしまった(これを「適応価を失う」という)。すると少しずつこの遺伝子は変性して機能しなくなってゆく。

ところが、ここで急に果物が欠乏したらどうなるか。ビタミンCを外から入れなければならなくなる。人間の祖先の多くはここで死んでしまったが、よい色覚とよい空間認知能力をもったものは、ビタミンCの源である果物を効率よく探すことができたので、死を免れた。このようにして、人間がビタミンCを合成しない理由と、人間が霊長類の中では格段によい色覚と空間認知能力をもつ理由が結びつく。この話の中で、ビタミンC合成能が適応と無関係になる過程を「マスキング」という。次に果物の欠乏という環境変化が起こり、再びビタミンCが必要になる。その結果として、ビタミンC合成能の代わりに色覚や空間認知能力が増強されることを「脱マスキング」という。

ディーコンは、ジュウシマツがペットとなり、歌の機能が変化し、歌を正確に学ぶ性質が適応価を失ったと考えた。このことで、歌が複雑になったのだと。この考えを、コンピュータ・シミュレーションで実証したのが、エジンバラ大学のグラハム・リッチーとサイモン・

カービーである。グラハムは私たちの研究室にひと月滞在し、実際の研究のようすを観察した上で、シミュレーションプログラムを書いた。彼らのシミュレーションでは、歌を正確に学ぶ必要がないうえ、ペットとなり捕食の危険や採餌のコストがなくなることで、歌そのものにかけるコストが低くなり、歌が複雑化していた。私たちは、彼らが予言したことをどう実証しようかと常に考えていた。この疑問と野外調査が直結したのである。

歌の種認識機能

性淘汰以外にも、たしかに歌を複雑にする要因はあったであろう。私たちは生物心理学者だから、生態学的に納得のいく説明を求めていた。私たちが考えついたのは、「種認識」の問題である。歌はメスを誘引する機能をもつが、それ以前に、どの種であるかという標識になる。ペットとして人間によって交配が行われるのならば、鳥みずからが相手が同種かどうか見極める必要はない。当然同種である。しかし野外ではどうか。野外では、自種以外の鳥がいろいろといるだろうから、うたう側であるオスは自種の特徴をもった歌をうたう必要があるし、選ぶ側であるメスは自種の歌の特徴を覚えておいて、それをうたっているオスを選ぶ必要がある。

私は大学院生の山田裕子と、フィールドワークの天才である水田拓(博士研究員)を台湾に

図20　上はジュウシマツの祖先種であるコシジロキンパラ．下は，ジュウシマツと同じカエデチョウ科に属するが，直接の類縁関係にはないアミハラ．

派遣し、予備的な調査をしてもらった。彼らの報告によれば、台湾のコシジロキンパラはモズなどに捕食されることがわかった。捕食は複雑な歌をうたう際のコストになるので、今までの私の仮説は一部補強された。しかしもっと面白い結果は、台湾のコシジロキンパラたちがどのように暮らしているかであった。

コシジロキンパラたちは群れをなして水田で米を食べる。しかしその群れの中にはときたまアミハラという異種が含まれていることがわかった(図20)。これを「混群」といい、一方にとって他方のことを「同所性異種」という。アミハラは、コシジロキンパラと同じカエデチョウ科に属しており、コシジロキンパラと交配すると子どもを作ることができる。しかしこの子どもたちは繁殖力をもたない。つまり、双方にとって間違った相手と交配してしまうのは時間とエネルギーの無駄となる。だからアミハラとコシジロキンパラは、姿も歌もできるだけ違いが明瞭なようにしておかなければならない。

　私たちはこのように考えた。もしコシジロキンパラの歌がじゅうぶん単純であればアミハラの歌と容易に聞き分けがつく。だから、アミハラと混群を作っているコシジロキンパラは、歌が単純であろう。歌が複雑になってしまうと次第にアミハラの歌との区別が難しくなり、雑婚をしてしまう危険が生ずる。しかしアミハラと混ざらないで棲んでいるコシジロキンパラでは、雑婚の危険がないから、歌で種認識をするための努力は不要となるだろう。その結果、歌がメスの好みに合わせて複雑化できる余地が生じてくるであろう。ペットとなったジュウシマツでは、この状況が極端に押し進められていると言える。

　この状況は、ビタミンCの例と完全に対応するわけではないが、ディーコンのマスキング理論を適用することが可能だと私たちは考えている。すなわち、こういうことである。種認識の必要がなくなることがマスキングで、その影響で、歌の性的信号としての機能がより重要になるという環境変化が生じ、結果として歌の複雑さが昂進するのが脱マスキングである。

コシジロキンパラ個体群の違い

　二年にわたって野外調査をやっていた山田裕子は彼女の本務であるザトウクジラの歌の研究に戻っていった。水田拓は奄美大島に就職してしまった。どうしようかと思っていたとこ

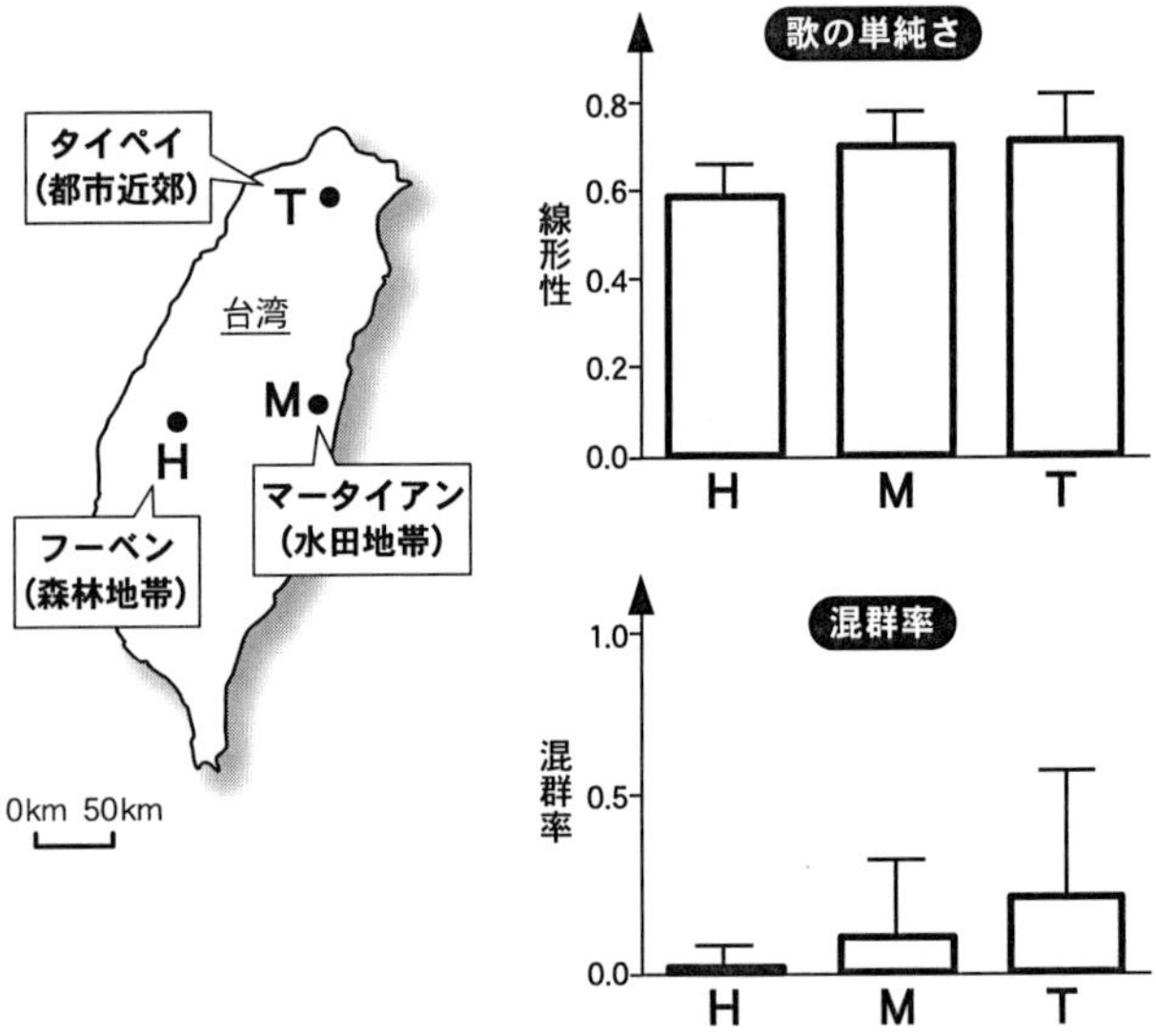

図 21　台湾の 3 地点で野外調査をした結果．混群率が高い群れでは歌が単純になり，低い群れでは複雑になる傾向があった．

ろに、帯広畜産大学から香川紘子が見習い学生としてやってきた。香川は帯広でタンチョウヅルの鳴き声の研究をしていた。香川は小柄な女性である。タンチョウヅルより小さい。よくやってきたものだ。野外調査の経験を生かした鳥の歌研究をしたいという。ぴったりではないか！　ということで、香川は山田の指導を受けながら、野外調査を始めることになった。ふたりの「ひろこ」による研究である。香川は台湾南投県にある台湾省特有生物研究保育センターの林端興さんの協力を得、台湾の三カ所で野外調査を行った。その三カ所とは地図で示したマータイアン、タイペイ、そしてフーベンである(図21)。

香川らの最初の大発見は、混群率の違いであった。フーベンではコシジロキンパラのみの群ればかりであり、群れの中にアミハラはどこにもいなかった。しかし、タイペイとマータイアンでは、アミハラを含んだ群ればかりが見つかった。これは素晴らしい。混群率の違いと歌の複雑さに関係があれば、種認識のマスキングにより歌が複雑化するというディーコンの予言を検討することができる。というわけで、香川は山田や大学院生の相馬雅代、加藤陽子、吉田重人らの助けを受けながら、三年間にわたり六月から九月までの野外調査を敢行したのであった。見習い学生としてやってきた香川は、最初は居候のようであったが、このように私の研究室に定着することになった。

香川はフーベン三六群、マータイアン五六群、タイペイ五八群のコシジロキンパラを調査した。うちアミハラと混群を作っていたのはフーベンで二パーセント、マータイアンで一一パーセント、タイペイで二二パーセントであった。香川はたくさんのコシジロキンパラの歌を録音し、記号を振り、そして歌の単純さを示す線形性(第4章参照)を計算した。結果は香川の努力をたたえるものとなった。混群をほとんど作らないフーベンでは歌は複雑で、混群を作るタイペイ、マータイアンでは歌は単純であったのだ(図21)。この結果には、他種と混ざらない群れでは、種認識の必要がなくなり、歌の複雑さを促進する要因となるという解釈が成り立ち、種認識のコストがマスキングされることにより、歌の複雑さが脱マスキングされるという理論に当てはまる。ディーコンのマスキング理論が応用できるのである。

香川はこれに加えて、それぞれの地域のコシジロキンパラからＤＮＡを採取し、歌の類似度とＤＮＡの類似度とがどういう関係にあるのかを調べている。これらを含んだ香川の研究が、言語の生物学的な基礎を考える上で重要なデータとなることを、私は望んでいる。この望みは決して高望みではない。二〇一〇年、オランダで行われた言語進化の国際学会で、香川の発表は非常に高い評価で受け入れられたのである。

台湾での苦労話

科学研究とは時に非常に残酷である。香川、山田、相馬の苦労が生み出した成果は素晴らしいが、文章にするとこんなに少しで終わってしまう。とはいえ、短く述べることができる成果こそが、科学においては素晴らしい成果なのだが。しかしこれで終わってしまっては申し訳ないので、彼女たちの苦労話も聞いていただこう。

ふたりの「ひろこ」はどちらもたいへんアジア顔で、中国系に見えないこともない。だから、彼女たちは台湾にとてもよく溶け込んでいた。それだけに、彼女たちはたいてい直接中国語で話しかけられることになった。もちろん、台湾で調査する以上、中国語を使うべきである。しかし残念ながら彼女たちにはその余裕がなかった。

マータイアンでは鳥から網が見えないように沼地に網を張っていた。胴長(胴まであるゴム長靴)を着て腰まである泥沼の中で朝の暗いうちに網を素早く張らねばならない。日が昇ったら、網にかかった鳥を調べにゆく。ところが台湾の人々はとても親切で好奇心旺盛。網を張っていると毎日のように誰かが話しかけてくる。当然中国語である。「こんにちは」「私の名前はひろこです」「鳥の調査をしています」とこれだけの中国語はなんとか覚えたが、あとは筆談である。次の日には、その人が自分の友達を連れてくるので見物人がまた増える。親切にしていただいて嬉しい反面、話せない言葉を駆使して人の相手をしながら鳥を捕獲するのはなかなか大変である。それでも彼女たちは原住民族アミ族の豊年祭に参加し、飲みうたい踊って過ごしたそうだ。

野外調査は常に自然との闘いである。蚊やブヨにおそわれる毎日で、顔が腫れた状態で調査を続けた。たまに地元の人たちに会うと可哀想に思われて塗り薬をもらったものである。それでもなかなか鳥がつかまらない。タイペイでは六時間くらい網を張っても一羽もとれないという日が続いた。棒と石を持って、草むらに潜んで鳥を網に追い込み、なんとか捕獲する。台風が来た年など、コシジロキンパラたちはどこにもいなくなってしまった。約二週間網を張り続けたがわずか四羽しか捕獲できなかった年もあった。

フーベンでは調査中に現地の方に森の中の素敵なお茶室に招いていただいた。作法も知らず言葉も通じないふたりは、たくさんお茶を飲むことでしか感謝の意を伝えることができない。その後ふたたび調査に向かったが、お腹はタプタプ、頭はお茶の薬効成分でフラフラになり、ついにはせっかくいただいたお茶を全部嘔吐してしまったそうである。

と、いろいろ苦労はあっても、彼女たちは台湾の人々の親切さを決して忘れようがない。台湾で過ごした夏は、彼女たちの青春の中で輝きを失わないことであろう。

7 氏か育ちか

里子実験

これまでの説明で、ジュウシマツとコシジロキンパラの歌の違いについては理解いただいたと思う。さて、この歌の違いのどのくらいが遺伝的に決まっていて、どのくらいが環境によるのだろうか。こういう疑問の出し方をすると、専門家仲間には「その考えは古い！ 形質というのは氏か育ちかどちらかに決められるものではない！ 氏と育ちの相互作用で決まるのだ」と（やや得意顔で）言われがちである。しかし私たちは、どのような遺伝的基盤があり、どのように経験によって変容しうるのかを知ることには意義があると考える。むしろ、相互作用という実態のわからないものに逃げてしまって終わりにしては、知的怠慢ではないだろうか。

そういうわけで、私たちは、コシジロキンパラとジュウシマツの歌がどのくらい遺伝的な基盤をもつのか、どのくらい学習環境によって変わりうるのかを知りたいと思った。卒業論文でジュウシマツに親しんだ高橋美樹は、就職を棒にふって大学院に進学することにした。高橋は私の研究の概要を理解したうえ、その時点でもっとも大切な研究は、発達過程の研究であると看破したのである。見所のある学生だ、と私は思った。しかし発達研究は時間がかかるものである。この疑問にある程度の答えを見いだすまで、それから七年かかるとは私も高橋も思っていなかった。あのころはまだ二〇世紀、一九九九年のことだった。この実験が論文として発表されたのが、二〇一〇年のことである。

遺伝因子と環境因子を分離する効果的な方法は、子どもを入れ替えること、すなわち里子実験である。ジュウシマツの卵をコシジロキンパラに育ててもらう、その反対に、コシジロキンパラの卵をジュウシマツに育ててもらう、という実験を行うのである。

私の研究室ではそのころ、ジュウシマツの繁殖はうまくいきつつあったが、コシジロキンパラについては、そもそも卵さえなかなかとれなかった。そんな状況での実験だから、コシジロキンパラの繁殖を可能にすることがまず大きな課題であった。この段階を乗り切るのに一年以上かかってしまった。そしてさらに繁殖が上手なつがいを作り、卵を入れ替えて、を繰り返し、分析にじゅうぶんな数の里子とその比較のための実子(本来の親に育てられた子ども)を作るまで、六年かかった。さらに、それらのヒナたちが成鳥となり歌をうたうまで、そしてそれらの成鳥がその後何年くらい歌学習の可能性を維持するのかまで実験したから、これは時間がかかる。

いいかげんなジュウシマツ、きまじめなコシジロキンパラ

そうやって苦労した結果、ジュウシマツに育てられた里子コシジロキンパラが一四羽、コシジロキンパラに育てられた里子ジュウシマツが七羽、それらの比較のための実子コシジロキンパラが七羽、実子ジュウシマツが一二羽そろった。これらのうち、代表的な結果を図22に示す。

ジュウシマツに育てられた里子コシジロキンパラには、いくつかの歌要素がどうしても学習できないものがいた(A)。また、学習はできたものの、うたいきるまでに非常な苦労を要したものもいた(B)。しかしコシジロキンパラに育てられた里子ジュウシマツは、歌要素はだいたい学べているようである(C)。里子ジュウシマツには、里親にはない歌要素の組み合わせを作っているものもいた(D)。

さらに詳細に結果を見てみよう。私たちは、それぞれのヒナが育ての親の歌要素を何パーセント学ぶことができたかを調べてみた。実子ジュウシマツでは約九〇パーセント、里子ジュウシマツも同じく約九〇パーセントであった。これに対し、実子コシジロキンパラはほぼ

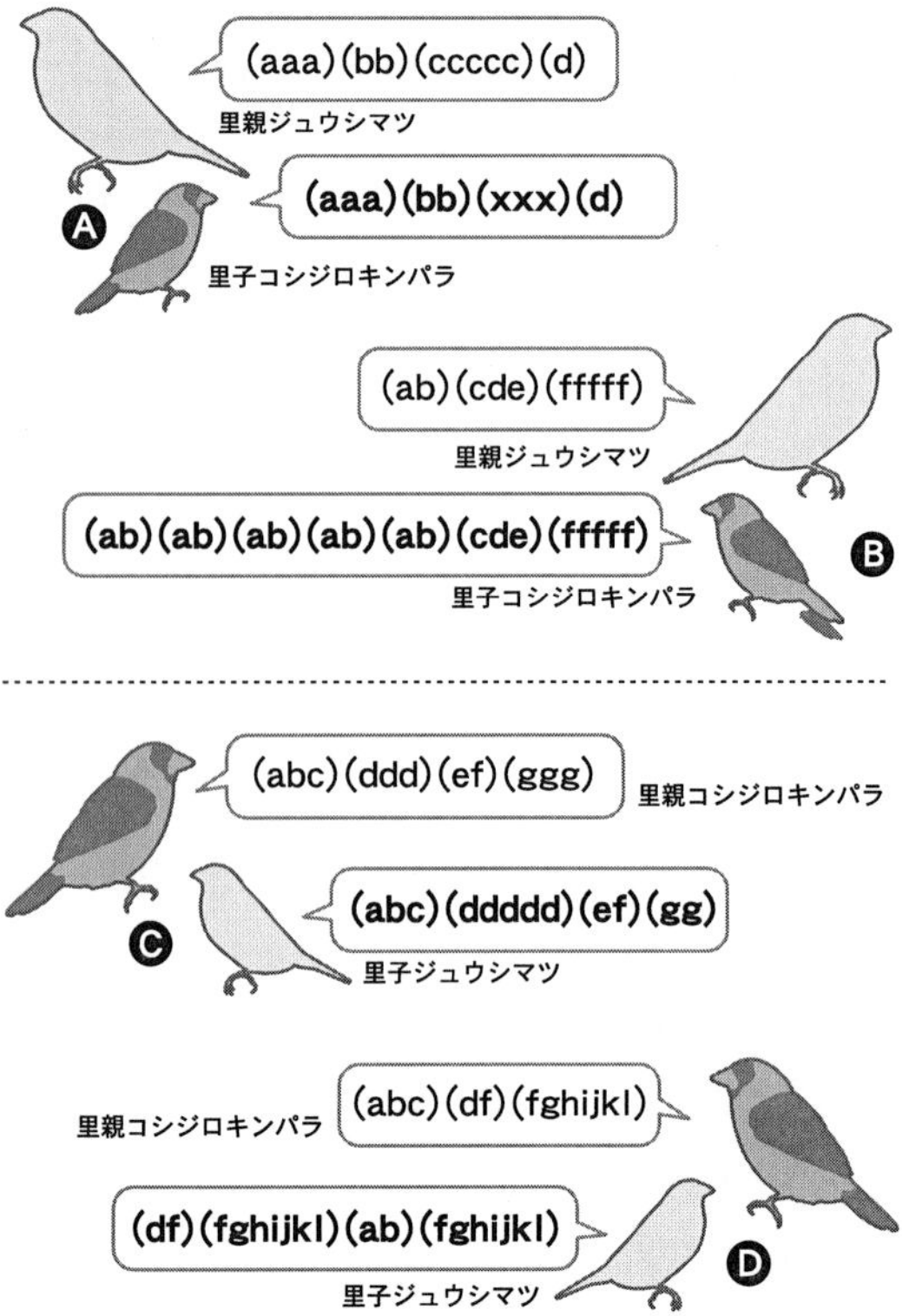

図 22　里子実験の結果(歌の模式図). 小文字アルファベットはいろいろな歌要素を示す. カッコでくくられた歌要素はチャンクをなす. A, B：ジュウシマツに育てられた里子コシジロキンパラの歌. A では c で示された歌要素を出すことができず異なる音(x)になってしまった. B では(ab)から先になかなか進めなかった. C, D：コシジロキンパラに育てられた里子ジュウシマツの歌. C ではほぼ完全な学習が成立した. D では新たな歌要素の組み合わせを作った.

一〇〇パーセントであったが、里子コシジロキンパラでは、七五パーセント程度に落ちてしまう。これはあくまで平均値で、里子コシジロキンパラの中には前述のように、一〇〇パーセント学習できたが、うたいきるのに苦労したものもいたわけだ。

全般に、ジュウシマツはジュウシマツの歌でもコシジロキンパラの歌でもそこそこ学ぶことができる。ちょっといいかげんなところがあるが、万能なやつらだ。それに対してコシジロキンパラは、ものすごくきまじめで、本来の歌ならばしっかり学ぶが、そうでない歌に対しては非常に了見が狭いと言える。

すなわち、コシジロキンパラは歌の学習に際して遺伝的な制約が強いが、ジュウシマツはこれが非常に弱くなっている。このことが、ジュウシマツの歌を複雑にしている要因のひとつであることは間違いない。言い換えれば、コシジロキンパラは指向性の高い歌学習をするが、ジュウシマツではこれが非常に低いのである。コシジロキンパラとジュウシマツが別の道を歩きはじめてからわずか二五〇年。進化学的には一瞬である。にもかかわらず、これら二亜種の鳥たちは歌の学習の仕方をこんなにも変えてしまった。遺伝と文化の相互作用によって決まる行動では、遺伝の制約が文化を取り込むのであろうか。

里帰り実験

さて、ここでいったん話がまとまったが、高橋はさらなる疑問を抱いた。このへんが、高橋のよいところである。里子コシジロキンパラの中には非常に苦労して、里親の歌をうたっている個体が何羽かいた話をした。これらの個体が、コシジロキンパラの群れに戻ったらどうなるだろうか？　高橋は、生後三年までジュウシマツの群れの中で育った里子コシジロキンパラを、コシジロキンパラの群れに戻してみた。小鳥の歌学習の臨界期は、通常生後六〇日程度とされている。生後三年、すなわち千日以上もたった里子コシジロキンパラは、苦労して学んだジュウシマツの歌をうたい続けるだろうか、それとも彼が本来うたうはずであった歌をすばやく吸収するであろうか。

結果、さすがに彼らがコシジロキンパラの歌を覚え直すことはなかった。しかしながら、歌の複雑さはぐっと減り、構造的にはコシジロキンパラの歌らしく変化した。自分がコシジロキンパラであったことを思い出したのかもしれない。歌が簡単になるという変化ではあるが、これも学習の一種である。

学習可能性と鋳型

これらの実験を振り返ってみると、コシジロキンパラとジュウシマツの学習可能性の違いが見える。ジュウシマツは学習可能性を広げ、厳密性を犠牲にした。コシジロキンパラは学習可能性を制限して、厳密性を守った。二五〇年の間にそれぞれ異なる事情があり、このような学習方略が進化したのである。

学習可能性を制限する生得的な基盤とは何なのだろう。小西正一は、鳥の歌学習を導くものとして聴覚鋳型を考えた(第1章参照)。生まれつきもっている聴覚的な記憶が、自分が本来学ぶべき歌へと小鳥を導くというものである。ジュウシマツとコシジロキンパラの里子実験からわかったことは、聴覚鋳型の強さの違いであると解釈してもよいだろう。

さてこの聴覚鋳型、きっと脳の中にあることは確実なのだが、果たしてどこにあるのやら。この課題は、分子生物学や行動遺伝学、電気生理学などさまざまな技術を要するテーマである。SF的な実験としてありうるのは、ジュウシマツとコシジロキンパラの脳の一部を入れ替えてしまい、生得的な好み自体を変更してしまうことができるかどうかを調べる実験である。

実はこれは不可能ではない。脳キメラと言って、脳の一部を入れ替えて育てる実験が、ウズラとニワトリで成功しているのだ。この実験は、私の友人でもあるエヴァン・バラバンによって実行された。エヴァンは実は私のリュート仲間でもある。このような精巧な実験をするためには、繊細な楽器であるリュートの練習は、手術の腕前まで鍛え上げてくれるという。

学習の制約から歌の進化へ

里子実験の結果は、台湾での野外実験の結果と合わせて考えると非常に興味深い。台湾での成果を復習すると、他種と混群を作る地域ではコシジロキンパラの歌は単純になり、コシジロキンパラのみで群れを作る地域では歌は複雑になる、というものであった。この結果は、一見直感に反する。他種と一緒にいるのなら、他種から学ぶことでより複雑な歌になりそうではないか？　そうではない、他種と一緒にいるからこそ、自種の特徴を際だたせなければならなかったのであろう、というのが私たちの解釈であった。そうでないと無駄な雑婚をしてしまうことになるから。

里子実験でわかったことは、コシジロキンパラは歌をきまじめに学ぶ、ということである。この傾向は、野生でしかも他種と混群を作るコシジロキンパラでもっとも際だっているはずである。ジュウシマツは、ペットとなることで交雑する危険を回避している。だから歌が種特有の特徴を失っても問題ないのである。これに加えて、メスが複雑さを好むという傾向があるから、ジュウシマツの歌は今のように複雑なのであろう。

8 歌は編集され学ばれる

自由交配実験

ジュウシマツの歌は、八つ前後の歌要素からなる。これを元に、二〜五個の歌要素が固定的に配列されたチャンクを作り、さまざまなチャンクが有限状態文法に従ってうたわれることで、複雑な系列を作り出す。私たちは、このチャンクがどうやって作られるのかを知りたかった。しかし、ヒナたちは基本的には父親の歌をなぞって学ぶから、チャンクはだいたいチャンクのまま伝承される。これではチャンクの由来などわからない。どうしようかなあ。

解決は意外なところからやってきた。コシジロキンパラとジュウシマツの里子実験が順調に進みだした高橋美樹は、今度は歌の機能について研究しようと計画した。自然に近い環境でジュウシマツを飼育し、オスがどのメスとつがいになり、どのくらいのヒナを作ったかを調べればよい。このため私たちは、二メートル×二メートルくらいの「自由交配ケージ」を作って、この中に一〇羽の成鳥オス、一〇羽の成鳥メス、そして一〇個の壺巣を入れた。この中でみなさんによろしくやってもらい、オスの歌と子どもの数との関係を調べることにした。一部男子の間では、この実験は「合コン」実験とか「アメリカの寮生活」実験とか呼ばれたものである。

この実験は鳥の世話と録音が非常にたいへんである。高橋に加え、大学院生の山田裕子、学部生の南部菜奈恵と田村純がこの計画に加わった。さらに、そのころ東京大学の長谷川寿一先生の研究室から派遣されてきていた相馬雅代と淀川祐紀も参加した。また、遺伝子を使った親子判定をするために、国立科学博物館で鳥の遺伝子の研究をしている西海功さんのもとに学生を派遣して遺伝学の手技を仕込んでもらった。いろいろな人にお世話になったものである。

実はさらに、この実験は二回も引っ越しているのだ。最初は千葉大学理学部一号館。次はその建物が改修になるため、理学部E号館に引っ越した。そしてさらに、私とラボ全体が理化学研究所(理研)に異動することになったため、もう一度。今度は理研の松本元先生が以前ヤリイカを飼っていたプレハブ小屋を改装させていただき、鳥小屋に作り直した。この鳥小屋は今でもイカ小屋と呼ばれている。まぎらわしいが。

このような環境ではあったが、たくさんのヒナたちが育った。二〇〇三年の第一シーズンでは一九羽のオスと二〇羽のメス、二〇〇三年の第二シーズンでは、一三羽のオスと一一羽のメスが巣立った。親世代の歌の特徴と子世代の遺伝子を調べ、どのオスがどのくらい繁殖に成功しているかを調べるのが本来の計画であった。しかし、この分野では最強の西海博士のアドヴァイスを受けたにもかかわらず、ジュウシマツの遺伝的ばらつきが少なすぎるため、正確な親子判定はとても難しいことがわかった。とはいえ、この研究では淀川が活躍してくれ、ジュウシマツの個体差を反映するようなDNA断片についての論文を一つ出すことができたのであった。淀川は来た当初は少々やさぐれていたのだが、研究をとおして人生を見直し、今では僻地医療に関わっている立派なお医者さんである。

歌の分節化――DJをやるヒナたち

自由交配実験に関わる学生たちは、親子判定が難しいことに落ち込みながらも、親世代の歌と子世代の歌を詳細に比較し、面白いことに気づきつつあった。自由交配ケージで育ったオスのヒナたちには、複数のオスから歌を学んでいるものもいることがわかってきたのである。これはいくつかの異なる歌をうたい分けるという意味ではない。言うなれば、ヒナたちは、親世代の歌でDJをやっていたのである。あるオスの歌のこの部分を切ってきて、もう一羽のオスのあの部分を切ってきて、そしてそれらをこうやってつないで、ほらかっこうい

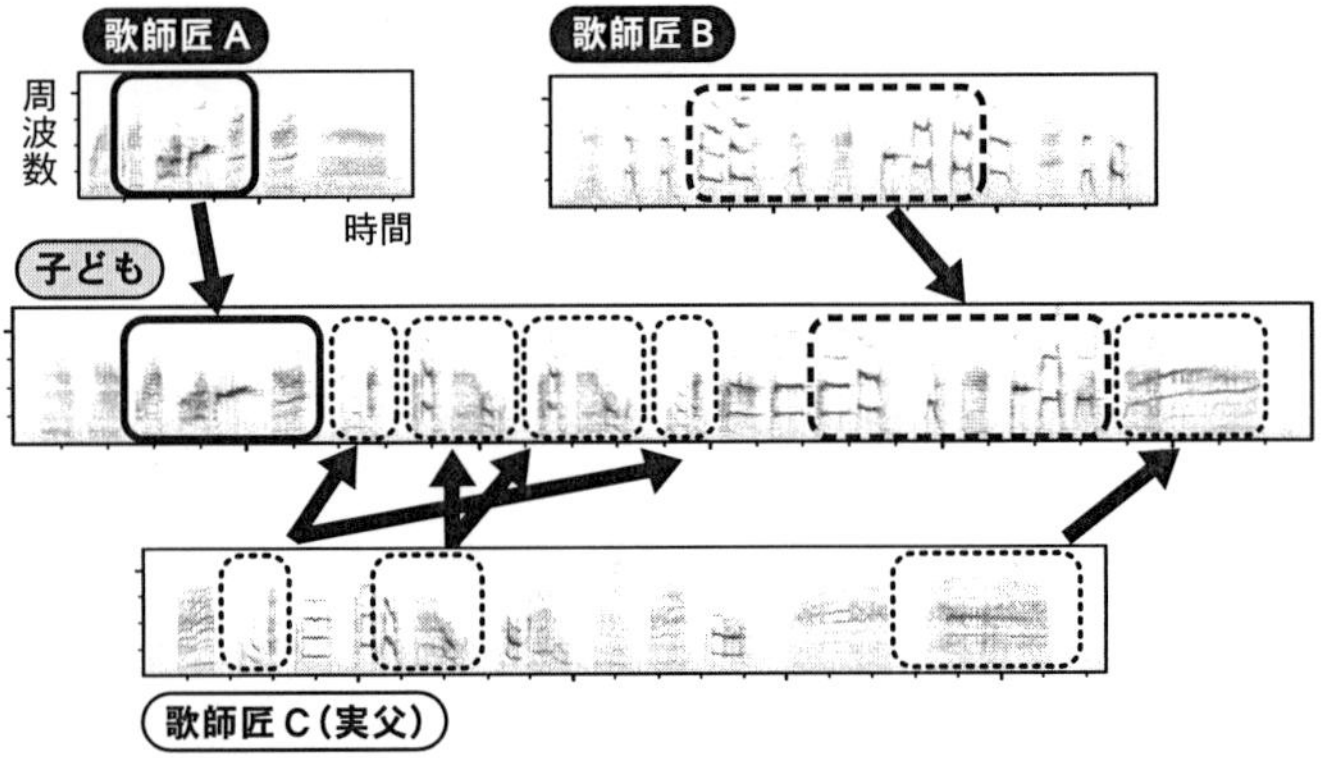

図23　自由交配ケージで育ったヒナの歌の例．このヒナは，実の父(C)を含む3羽の歌師匠から歌の一部を切り取り，自分独自の歌を作っている．

いだろう。ヒナたちは平たく言えばこういうふうにして、自分独自の歌を作っていたのである。図23に、自由交配ケージで育ったあるヒナが誰からどのように歌の部分を切り出して貼り付けたかを示す。この鳥は、実の父親を含む三羽のオスから歌の一部を切り取り、これらをいろいろな順番で貼り合わせて独自の歌を作ったことがわかる。

小鳥たちはどのような手がかりで親世代の歌の一部を切り取っていたのだろう。これを調べるため、高橋は、師匠となった鳥の歌を詳細に分析し、ある音から他の音に移り変わる確率（遷移確率、第2章参照）と、二つの音の並びの間の時間を測定した。すると、間の時間が長いほど、そして、遷移確率が低いほど、そこが切れ目となることがわかった。長い切れ目と長い

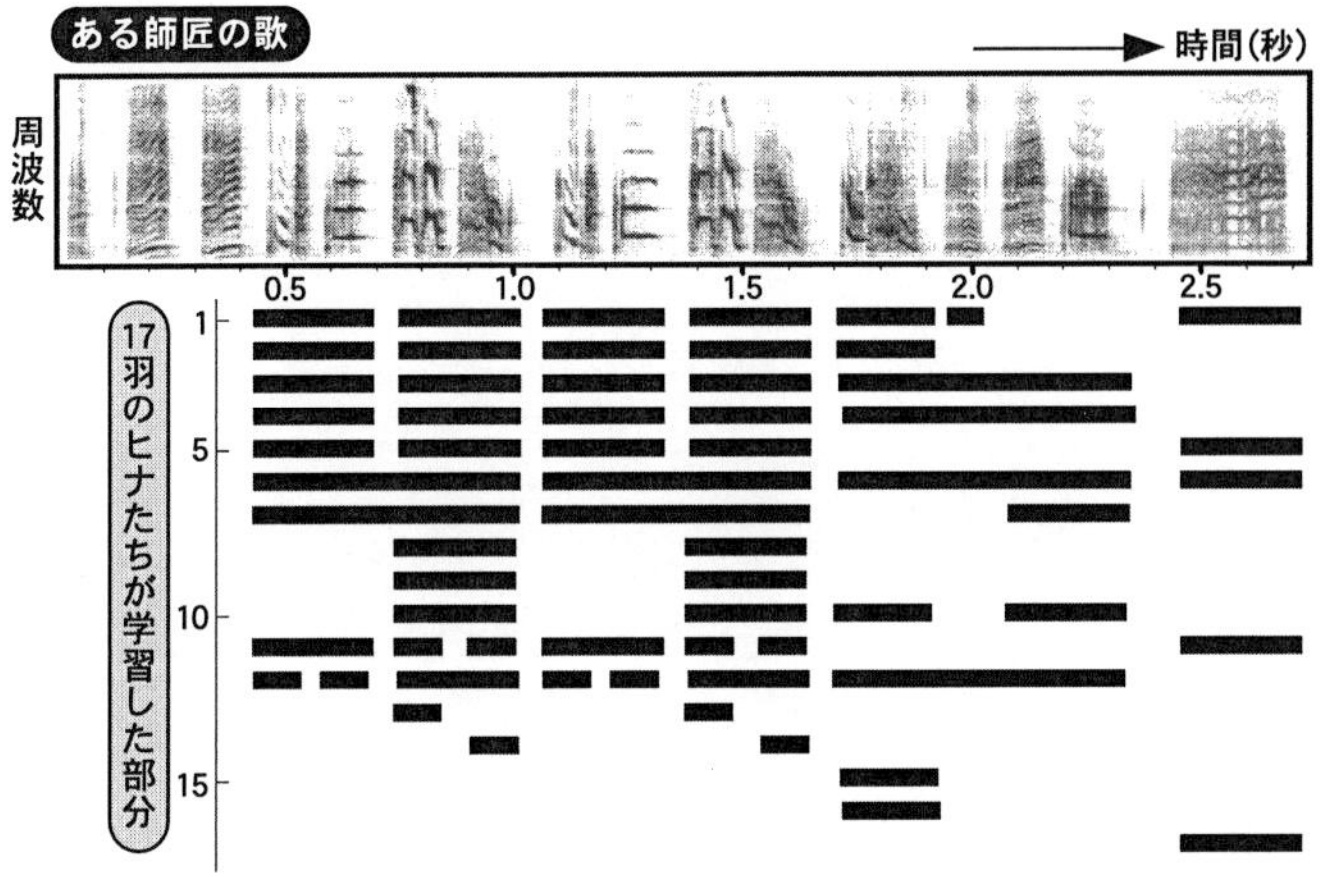

図 24　ある歌師匠の歌の一部を 17 羽のヒナがそれぞれどう切り取って学習したのかを示す．図 23 と同様に，それぞれのヒナは，この師匠の歌のみならず他の師匠の歌も切り取って学んでいるが，この図では 1 羽の師匠の歌をヒナたちがどう切り取ったのかだけを示してある．

切れ目、低い確率と低い確率に挟まれた間の部分が切り取られ、学習されるのである。しかしここにも個性が出てくる。実際にどこを切り取るかには、個体差がある(図24)。全体としての傾向はあるが、個別には趣味が反映されると言ってよいだろう。

このように、長いものを切り分けることを「分節化」と呼ぶ。分節化は、遷移確率と空き時間が手がかりになる。ジュウシマツの歌が複雑なのは、この分節化の能力によるのである。

9 さえずり言語起源論
――歌文法から言語の文法へ

文法の性淘汰起源説

私たちのジュウシマツの歌の研究から、たとえ一つひとつは意味をもたない歌要素でも、それらを文法的に配列する行動が進化することがわかった。この事例は、意味のないところにも、文法という形式が進化しうることの存在証明である。これを可能にした要因として、以下が考えられる。まず、ある行動特性(歌の複雑さなど)がメスによる評価の対象となる。次に、家禽化(ペット化)により減少した淘汰圧のもとで、その行動特性がより極端なところまで進化しうる自由を得る。減少した淘汰圧には、家禽化によって種認識の必要がなくなる過程も含まれる(第6章参照)。これらの結果、複雑さを作り出すひとつの方法として、有限状態文法が創発したと考えられるのである。

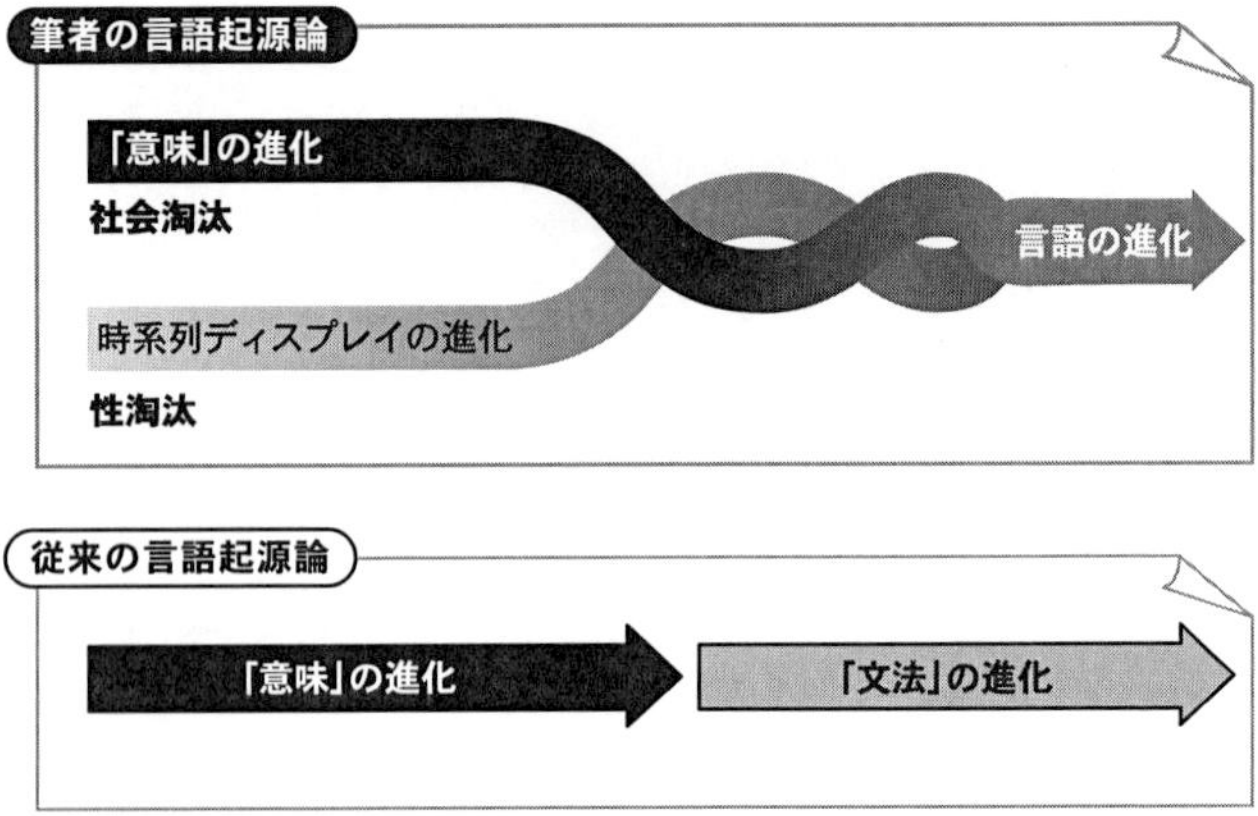

図 25　上：内容と形式の独立進化仮説．ジュウシマツの歌文法の研究から，筆者がたどり着いた仮説．内容と形式が独立であることで，それぞれは自由な進化を遂げる．これらが何らかの理由で融合して言語が創発した．下：内容と形式の直列進化仮説．多くの言語起源論が，この仮説にもとづく．

ここで得られた大切な知見の第一は、意味のないところで文法が進化しうること、すなわち、内容と形式が独立に進化しうることである。これを、「内容と形式の独立進化仮説」と呼ぶことにする（図25）。第二は、性淘汰は、個体の生存とは関わりのない形質を進化させる要因となること、また、家禽化によるその他の淘汰圧の緩和は、性淘汰により方向づけられた形質の進化を促進することである。

これらの知見は、そのままの形で人間の言語に敷衍することができる。言語の起源に関する説明は多岐にわたるが、そのほとんどが、まず最初に、動作や音声が特定の意味内容を指し示すシンボルとなることを要請している。そのようにしてシンボルが成立すると、これらを組み合わせて新たな意味を作り出すようになり、その組み合わせを規定する方法が文法である、ということになる。

このような標準的な言語起源の仮説を、「内容と形式の直列進化仮説」と呼ぼう。この仮説は、霊長類を使った言語訓練の研究の根拠となっている。この仮説に則れば、霊長類を訓練し恣意的な記号を特定の意味内容と連合させることは、言語進化の第一段階であるということになる。次に、それらを組み合わせさせ、より広範な事物を指示できるように訓練し、これをもって言語進化の第二段階を達成したということができる。

たしかに、このような訓練に成功したチンパンジーもいる。また、記号を組み合わせてより広範な事物を指示する行動は、ひとつの記号がひとつの事物しか指し示さない行動に比べて適応度が高いことが、数理言語学的な研究により示されている。

しかし、この直列進化仮説の問題点は、人間言語の文法のような精緻な構造が、単語の組み合わせにより指示対象が広がることを動力として進化しうるか、という点である。せいぜい、二語が組み合わさり指示対象が広がるところで進化が停止してしまい、言語がもつ複雑な構造をもつには至らないであろう。個々の単語がはじめから意味をもってしまうと、自由な組み合わせが作れないからである。文法の壁が超えられない。

これに対して、独立進化仮説によれば、意味と文法は独立に進化しうる。意味に関しては、シンボルと事物の関係性を社会が共有することで、進化してゆくことは可能である。いっぽう文法については、歌やダンスなどの複雑な時系列行動が性的ディスプレイとして進化してゆき、そのような行動を支える神経機構が、後に言語の文法を支えるものとして流用されたのかもしれない。実際、大脳基底核と大脳皮質や神経核が作るループは、小鳥の歌や動物の求愛ダンスを可能にする神経回路であるいっぽう、ヒトでは言語の習得を可能にする神経回路でもある。

以上をまとめ、「ヒト言語の文法の性淘汰起源説」を提唱する。言語の文法構造は、性的なディスプレイとして性淘汰により進化した行動を支えているのと同じ神経機構が受け持っている。人間は、集団生活、道具の使用、農耕牧畜によって自己の棲む環境を安全で豊かなものに作り変えてきた。これを「自己家畜化」過程と呼ぼう。性的ディスプレイを有限状態文法にまで進化させるのは、性淘汰によって当初方向づけられた行動が、人間の自己家畜化により制約を緩和されたことで、より極端な方向に変異が蓄積されていった結果である。

相互分節化仮説

以上が文法の性淘汰起源説のあらましである。これをもとに、再びシナリオを作ってみたい。今度は、性淘汰により文法が、そして言語がどのように進化したのかを考える。

人類の祖先がサバンナに適応して集団生活を始め、自己と自己の属する集団を防衛できるようになると、自己家畜化が始まる。これにより、生産手段を集団で確保し、また、天敵からも集団で自己防衛できるようになった。すると、人類が受けてきた淘汰圧の多くが緩和され、ダンスや歌などの性的ディスプレイが大げさになることができた。

ダンスや歌などは、全身の協調を必要とする運動であり、演者の性的能力を正確に表現する信号となった。メスがオスを選ぶとき、オスがメスを選ぶとき、どちらもダンスや歌などのディスプレイは信頼できる信号であった。性淘汰が人類の形質を変化させる大きな原動力となった。

中でも、うたうことは、より多くの異性に同時にアピールできる有利さをもつから、歌を洗練させる方向に性淘汰が進んでいった結果、歌を有限状態文法に則ってうたうようになった。これが、文法を可能にした前適応として進化していった。

歌の変異が蓄積していった結果、歌が性的な文脈以外でもうたわれるようになった。ある文脈における歌と、他の文脈における歌とが一部の歌節を共有していたとしよう。そして、この二つの文脈には何らかの共通性があるとしよう。すると、次世代は、共通する歌節を切り取り、共通する文脈と対応させようとするのではないだろうか。

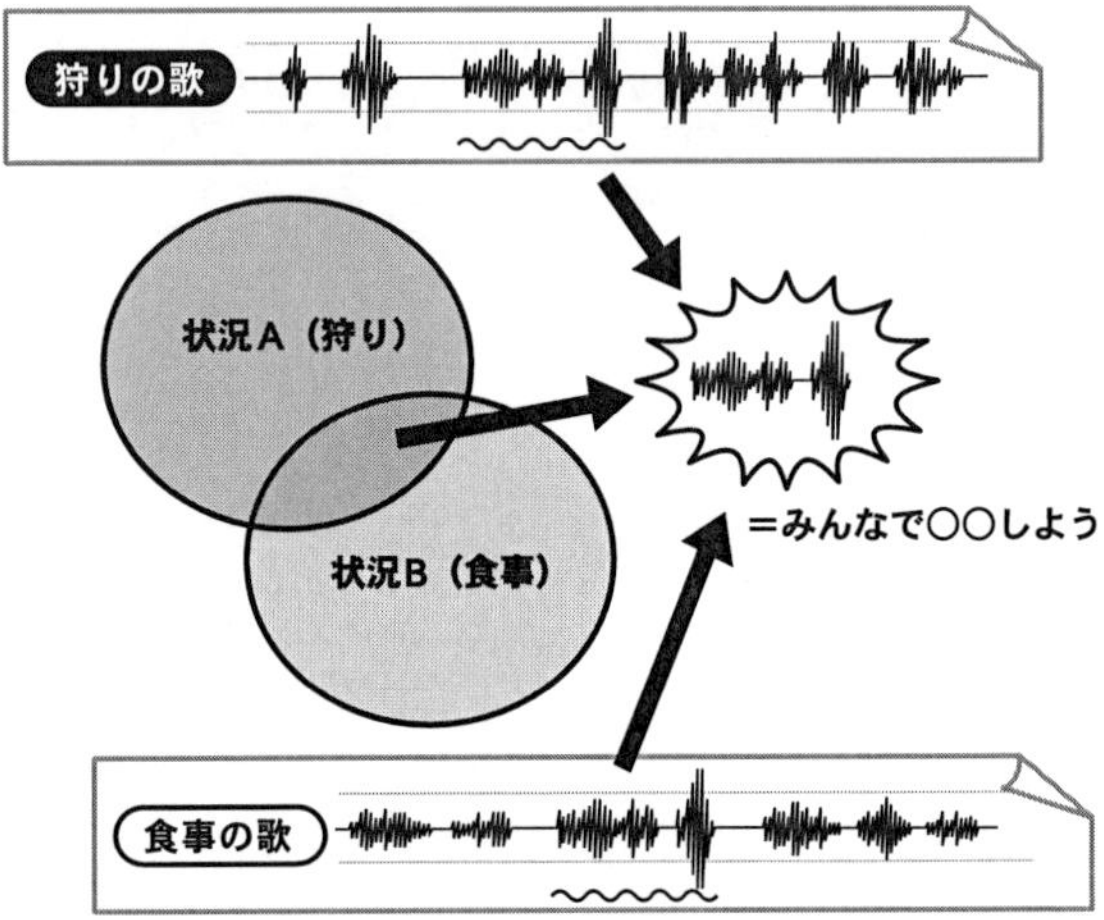

図 26　相互分節化仮説．歌から言葉が現れてくる過程を説明する仮説．音列の共通部分と状況の共通部分とが相互に切り出され対応を作ってゆく．

例として、食事の際にうたわれる歌と、狩りの際にうたわれる歌があったとする。図26で、歌を音声波形もどきの図で示したが、これは便宜上であり、これらは言語音以前のスキャットのようなものであったと考える。食事も狩りも集団で行う行動なので、この二つの状況（つまり文脈）の共通部分は「みんなで○○しよう」ということになる。これらの歌には共通部分がある。この部分と、「みんなで○○しよう」という状況とが対応し、次世代にとってはその歌節を聞くだけで、「みんなで○○するのだな」と予想がつくようになる。

このような過程を繰り返すと、漠然とした状況に対応した漠然とした歌が、状況と歌節の相互分節化を繰り返すことにより、だんだんと具体的な状況に対応した、より短い音列が作られるであろう。これらの過程で、音列の切り取り方という文法規則と、その一部がどのような状況に対応するのかという意味規則とが同時に作られてゆく。

以上の仮説は、二〇〇四年に学会でスウェーデンを訪れた際、当地の研究者であるビョーン・マーカーと考えたものである。彼は単に「歌仮説」と呼ぶが、私は「状況と音列の相互分節化仮説」略して「相互分節化仮説」と呼ぶことにしている。この考えは、二〇〇七年に発行された専門書で公表されている。

さえずり言語起源論

私の主張する言語起源論には弱点がある。まず、ジュウシマツの歌と異なり、人間の言語は男女どちらもしゃべる。性的ディスプレイとして進化したからには、性差があるはずである。これについては、同様に、鳥でも雌雄ともにうたうものがあることを紹介しておこう。ベニスズメはジュウシマツと同じカエデチョウ科に属する鳥だが、雌雄ともに歌をうたう。そのほか、熱帯の鳥では雌雄ともにうたうものが多い。これらの鳥においては、歌の機能は求愛のみではなく縄張り防衛もある。雌雄で協力して縄張りを防衛するのである。

人間の進化の過程では、メスによるオスの選択のみならず、オスによるメスの選択も生じたであろうと考えられる。それで、オスの歌のみならずメスの歌も進化したのであろう。しかし、オスがメスを選ぶ基準とメスがオスを選ぶ基準は異なるであろうから、歌の構造も雌雄によって異なっていたかもしれない。歌には意味はなく、伝達意図しかない。

相互分節化を通して歌に意味が賦与され言語となると、この信号は伝達内容をも持ったコミュニケーション信号としても使われるようになってきた。このため、オスとメスで同じ記号システムを用いるようになったのであろう。しかし、もともと異なる基準で言語能力を選択してきたのだから、男と女の言語使用には違いがあるはずで、その違いを異なる淘汰圧に帰することができれば、この仮説の信憑性を上げることができよう。

さらに、この仮説はあくまで有限状態文法の進化を説明するものであり、自己埋め込み機能をもつ人間の文法を説明することはできない、とする批判もよく聞く。これについては、まったく線形な、まっすぐな時系列信号より、有限状態文法をもつ時系列規則のほうがより言語に近いはずだと、まず指摘させてもらう。有限状態文法が獲得されたなら、なんらかの方法で、これを人間の文法まで引き上げることは、漸進的に可能なのではないかと考える。相互分節化の過程で、共通部分が複数あれば、両端の部分だけ分節化され、それによって挟み込みが起こることもありえよう。

いっぽうこの仮説の強みは、文法の壁を性淘汰によって超えたところにある。単語をつなぎ合わせて文法を作る、という考えでは、とうてい文法の創発を説明することはできない。しかし、性淘汰起源説と相互分節化仮説とを組み合わせて考えることで、恣意的な時系列規則として、文法が意味とは独立に進化したと考えれば、ある程度の複雑性の説明が可能となるだろう。

以上の考察から、私は、歌、すなわちさえずりが、言語のもとになったと主張する。さえずり言語起源論である。

あとがき

この本は、二〇〇三年に岩波書店より出版された『小鳥の歌からヒトの言葉へ』をもとに、その後七年の研究の成果を加えて改訂したものである。

ジュウシマツの歌の聴覚フィードバック依存性を発見してから二〇年近くが、歌文法を解明してから一五年近くが過ぎた。この間、研究の場は、上智大学、農林水産省、慶応大学、千葉大学、理化学研究所と移動し、そして現在、東京大学への移動準備中である。先日、研究室同窓会を開いてみたが、このプロジェクトに直接間接に関わってきた人たちは、すでに六〇人を超える。ずいぶんたくさんの学生諸君・研究者仲間と研究してきたものである(図27)。

正直、ジュウシマツの歌文法の研究がこんなに続くとは思っていなかった。そしてまだ終わりそうにない。しかしこの間、私の研究方向は大きく変わった。ジュウシマツの歌文法を手がかりに、人間の言語の生物学的起源に興味をもち、さらにはコミュニケーションの情動的側面まで扱うようになった。

私たちの最新の研究成果については、以下のホームページを参照してほしい。

・言語起源の研究について

【理研のＨＰ】http://www.brain.riken.jp/jp/faculty/details/71

・岡ノ谷研究室について

【東京大学教養学部のＨＰ】http://bio.c.u-tokyo.ac.jp/ninchi/profile/okanoya.html

【東京大学大学院総合文化研究科のＨＰ】http://bio.c.u-tokyo.ac.jp/laboratories/okanoya.html

【岡ノ谷研究室のＨＰ】http://marler.c.u-tokyo.ac.jp/pub/

ジュウシマツの歌の研究をよりよく理解するために、以下の本を推薦する。

・岡ノ谷一夫(著)・石森愛彦(絵)『言葉はなぜ生まれたのか』文藝春秋

筆者の現時点の言語起源論を、小学五年生以上の知的好奇心にあふれた人々を対象にまとめた本。特に本書の第9章でふれた相互分節化仮説を詳細に説明している。石森氏のイラストが理解を進める。

図27　岡ノ谷研究室大同窓会．2010年10月，私の門下が60名以上集合し屋形船を雇って大同窓会を開催した．この中のほとんどの人たちが何らかの形で本書に貢献している．

- テレンス・W・ディーコン『ヒトはいかにして人となったか』金子隆芳訳、新曜社
言語起源を知るための生物学的なアプローチをまとめた本。著者の博識にただただ驚くが、思想形成の過程をたどるのも楽しい。
- 舟崎克彦『雨の動物園』岩波少年文庫
動物を飼う喜びと哀しみが切々と描かれる。筆者がジュウシマツとキンカチョウの比較研究を始めるきっかけとなった本である。
- 長谷川眞理子『生き物をめぐる4つの「なぜ」』集英社新書
ティンバーゲンの四つの「なぜ」にもとづいて、いろいろな動物の行動を興味深く分析している。至近要因の研究と究極要因の研究がどう補いあうべきかが学べる。
- アモツ・ザハヴィ、アヴィシャグ・ザハヴィ

『生物進化とハンディキャップ原理』大貫昌子訳、白揚社
性淘汰についての斬新な説を発表した著者による書。あらゆる動物行動をハンディキャップ原理で説明しようとしている。

- 吉田重人・岡ノ谷一夫『ハダカデバネズミ』岩波科学ライブラリー

岡ノ谷研究室でジュウシマツの研究と並行して進められた研究の紹介。

- Bolhuis J. J., Okanoya K., & Scharff C. S. (2010). Twitter evolution: converging mechanisms in birdsong and human speech. *Nature Reviews Neuroscience*, 11, 747-759.

小鳥の歌と言語を分子から脳、進化まで広くかつ深く比較して論じた総説である。この分野の最先端を知りたい方に最適である。

私は二〇〇四年からの七年間、理化学研究所脳科学総合研究センターで研究を進めた。本文では名前は出てこないが、理研では、三崎真奈美、野中由里、菊池貴子、二藤宏美はラボの運営に尽力してくれた。また、理研での実験動物管理には、高橋利奈先生、桜井富士朗先生にたいへんお世話になった。理研の環境で進めた脳研究については、改めて紹介する機会をもちたいと思う。

新版作成にあたっては、理研の野中由里の真摯な協力を得たことを記して感謝する。彼女が妥協なき態度で不明点や説明不足を指摘し、よりよい説明を私に求めたことで、本書の読みやすさが格段に増したはずである。岩波書店の浜門麻美子氏には、初版に引き続き、新版でも厳しく優しい指導をいただいた。何よりもこの本に私同様の愛着を持ち、これを世に出すために尽力いただいたことを感謝する。

本書の初版と新版の間に、私は父を亡くしたが、私自身の家族を得た。家族であることの幸せをくれた妻と娘、そして私を育て父を支えてくれた母に感謝する。

ここに解説した研究は、科学技術振興機構(さきがけ、ＥＲＡＴＯ)、理化学研究所、文部科学省科研費などの支援により可能になったことを記して感謝する。

二〇一〇年九月三〇日

岡ノ谷一夫

■岩波オンデマンドブックス■

岩波科学ライブラリー 176
さえずり言語起源論　新版 小鳥の歌からヒトの言葉へ

2010年11月25日　第1刷発行
2013年10月4日　第2刷発行
2016年5月10日　オンデマンド版発行

著　者　岡《おか》ノ《の》谷《や》一夫《かずお》

発行者　岡本　厚

発行所　株式会社　岩波書店
〒101-8002　東京都千代田区一ツ橋2-5-5
電話案内　03-5210-4000
http://www.iwanami.co.jp/

印刷／製本・法令印刷

© Kazuo Okanoya 2016
ISBN 978-4-00-730418-7　　Printed in Japan